UNSTOPPABLE

比尔教科学

HARNESSING SCIENCE TO CHANGE THE WORLD

BILL NYE WITH COREY S. POWELL

[美]比尔 · 奈 科里 · S. 鲍威尔 著　邵骏 译

中国友谊出版公司

图书在版编目（CIP）数据

比尔教科学 / (美) 比尔 · 奈 (Bill Nye) , (美) 科里 · S. 鲍威尔 (Corey S. Powell) 著 ; 邵骏译 . -- 北京 : 中国友谊出版公司 , 2019.12

书名原文 : Unstoppable

ISBN 978-7-5057-4723-4

Ⅰ . ①比… Ⅱ . ①比… ②科… ③邵… Ⅲ . ①气候变化—普及读物 Ⅳ . ① P467-49

中国版本图书馆 CIP 数据核字 (2019) 第 214134 号

书名 比尔教科学
作者 ［美］比尔 · 奈　科里 · S. 鲍威尔
译者 邵　骏
出版 中国友谊出版公司
发行 中国友谊出版公司
经销 新华书店
印刷 北京天宇万达印刷有限公司
规格 889 × 1194 毫米　32 开
9.5 印张　213 千字
版次 2020 年 3 月第 1 版
印次 2020 年 3 月第 1 次印刷
书号 ISBN 978-7-5057-4723-4
定价 38.00 元
地址 北京市朝阳区西坝河南里 17 号楼
邮编 100028
电话 （010）64678009

目 录

比尔教科学

世界掌握在我们手中

如果你像大多数人一样容易担忧，那你肯定生活在一个大时代。气候变化即将来临，正朝你袭来。不管你生活在哪里，你将在有生之年看到自己或你孩子的生活因整个星球变暖而改变。那些变化是否在掌握之中取决于我们，取决于那些会思考人类想要什么样未来的人们，取决于你和我。

你肯定听别人说过“地球是我们的家园”，甚至你自己也在这样说，但不可否认甚至更重要的事情是：地球不仅是我们的家园，还是我们居住的房子。我们不是搬进搬出的租客，我们是房子的主人。因此，我们不能像租客一样向房东抱怨房子哪里不好，或者一不高兴就搬去其他地方住。我们居住在这个由岩石、土壤、水和空气组成的直径13,000千米的球体上，因此我们有责任去维护它。可现在我们的看护工作干得可差劲了。我们甚至一点儿都没有注意到家里的环境状况正在日益恶化。

我想你现在肯定比阅读前两段文字之前多了一些担忧，但现在我想要你停止担忧，或者至少让它过去。担忧无法拯救我们，攻击我这样的信使也无济于事。我想要你对气候变化知情，并且以改变对抗气候变化：改变我们生产、运输、储藏和使用能源的方法。我们要在建造更健康家园的同时，提高所有人的生活质量，我们会因此成为伟大的一代。但这并不是一件容易实现的事。我们已经向大气中排放了大量吸热气体，它们将在未来的许多年中不停地加热地球，但我们的处境还远没有到绝望的地步。继续读下去，我将向你展示为什么我们必须尽快行动、我们具体要做什么以及我们如何完成。

几年前，我曾被气候变化的真相和我们要采用的应对策略震惊。我当时在北京和一群研究火箭的工程师参加国际宇航大会（International Astronautical Congress）。我亲身体会了这个星球史上最大的一次环境剧变。尽管我身在其中，却没有意识到正在发生什么。

崔好胜（Haosheng Cui）是一位年轻的物理专业学生，也是我们行星学会（The Planetary Society）的会员之一。他担任我的导游，带我游览北京。我们在著名的前门全聚德烤鸭店吃午餐。店里的一块电子屏显示，他们已经烤了12.5亿只北京烤鸭了。我们入住的宾馆距离全聚德饭店13千米远，我们是骑自行车去的。自行车在中国仍是常见的交通工具，尽管目前越来越少了。好胜有两辆自行车，其中一辆是他父亲的，但他父亲很少骑了。他们家的经济条件还不错，拥有一辆私家车。

他的父亲不想再要那辆自行车的决定一直在我脑中挥之不去。

从小的方面来说，这符合人类的天性——我们总是想方设法提高效率。如果我们能开车，为什么要骑自行车呢？如果我们有纺织机器，为什么要手工编织呢？如果发动机可以驱动船只，为什么要在糟糕的天气中手动控制帆呢？如果煤或汽油驱动的火车可以1分钟行驶1英里[①]，为什么要骑马呢？如果可以坐飞机，为什么要坐火车呢？

做事追求效率的欲望，再加上几十亿人燃烧化石燃料来满足这个欲望，这是气候变化的根源。地球上的人口越来越多，而且我们每个人都想要过上发达国家般的生活。我们想开车，不想骑自行车；无论白天还是黑夜我们都要用电；发达国家的人们仍不满足，总是想要更多电、更方便、更奢侈。进化冲动让人追求舒适，为自己和亲人争取更多资源。不过这种冲动正给我们带来巨大的麻烦。

尽管全球变暖源于石油、煤和天然气燃烧的火焰，但其中的细节却非常复杂。气候变化非常像火箭科学，但气候变化的细节却远比火箭科学复杂。毕竟，我们星球的许多地方还是未解之谜。至今已经有超过500人被送入太空，有12人曾经在月球上行走，但在人类历史上只有3人曾到过海洋的底部。太空轨道空无一物，可预测性极强，但是影响地球环境的关键物理过程，如墨西哥湾流（Gulf Stream）和格陵兰冰盖的关系，非常复杂。气候变化与火箭科学在许多重要方面是相似的：学科基础都很简单，两者都是科学。如果你有一枚火箭，你知道接下来该干什么：点燃其中一端，把另一端对准目的地（当然，将其中一端先对准目的地，

① 1英里约为1.61千米。——译者注

然后再点燃另一端可能会更好）。在气候科学中，我们已经点燃了其中一端，而且我们也非常清楚另一端该对准哪里。

我承认全球尺度的气候变化一开始难以令人相信。人类只是地球上1,600多万种生物中的一种（而且从演化的先后顺序来说，人类是后期才出现的），我们居然能改变整个星球的气候？但这确实正在发生，我们这代人就身处其中。我们知道除人类以外，只有另一种名为蓝绿藻的生物具有改变全球气候的能力。它们是最先演化出光合能力的生物，大气因此充满氧气，所有你看见、食用甚至呼吸的东西的化学成分也都因此发生改变。在今天看来，那次气候变化棒极了，不过在几十亿年前，氧气在刚出现时完全是一个杀手，地球上大多数无法耐受氧气的生物都灭绝了。是的，这就是一个物种改变世界的先例。现在我们人类正在改变世界，这次改变可能会伤害甚至杀死很多人。那么问题来了：我们该怎么办？

因此，是时候从一个新的角度来思考我们的星球。用轿车代替自行车，这是搬进搬出的租客的思考模式。发展更清洁、更高效的个人出行方式和公共交通才是房主的思考模式。为了美好的未来，你必须处理好每件事物。好胜的父亲更喜欢私家车，遇到坏天气的时候更是如此。从他的角度来说，有一辆有用的汽车很方便，为什么他不该保留这个选择呢？但如果我们每个人只关注个人选择和短期结果，我们更像是地球的租客而不是主人。应对气候变化要求我们所有人以一种新思维来思考问题。

无数诗歌、戏剧和电影都讲述爱如何把一间房子变成一个家。在一间房子里住上几天后，你会把它暂时当作自己的家，但你对这间屋子的感情不会像对自家房子一样。你不会总是担心它的价值和房贷，不会想着更好地保护它、维护它。房顶漏了，修补好；热水器不热了，请水管工来帮忙。应该重新粉刷屋子的外墙吗？自己干还是花钱请别人做？有没有钱给窗户换上双层玻璃？从街上看，你的房子漂亮吗？这重要吗？是否花钱安装隔热层？这些问题都是身为房主的你会考虑的。你的房子是你的家，它几乎是你的延伸，它好你就好。

地球同样需要持续关怀。大气、海洋、丛林、沙漠、农田和城市都需要我们照看。因为我们都呼吸着同样的大气，它一直保护着我们，所以我们必须注意排入大气中的物质。这同样适用于地球上的水和土地。即使有一些生态系统保持得比较好，在现在这个阶段，大多数还都需要我们维护。

怎样对待这个星球完全取决于我们自己。种庄稼时，是只求产量不考虑别的还是尽量减少对环境的伤害？可否减少农业的能源消耗？我们能以改善整个星球环境的方式进行农业生产吗？我们的城市又如何？城市是遭受污染和排污的中心，但也是创新中心。它们可以成为实现更高效地运输能源和人以及减少星球负担的前线。

对我们大多数人来说，房子是我们人生中最大的一笔投资；在金钱方面，购买房子的花费甚至超过养一个小孩的花费。因此，把房子视为家并好好照顾是很自然的事。我们应该用同样的态度对待我们的星球。最近你可能常听人说为了应对气候变化，我们不该这样做或那样做，如燃烧化石燃料，尤其是煤。这些建议很有用，不过我觉得我们应该把重点放在当前要做的事情上，比如开发储存再生能源的技术。

假如房顶漏了，如果你是租客，你会拿一个水桶接住水滴，并立刻通知房东。你可能会抱怨房东回复慢了或者维修工人的工作没干好，但不管怎么样，这些都不是你的问题。你照常做自己的事情，屋顶漏水只是一件烦心事而已。不过如果这个房子是你的，屋顶漏水就成了性质完全不同的事。许多人最开始都拒绝承认问题的存在。雨停了，屋顶自然就不漏了，你也就把这个问题抛在脑后了。“没那么糟糕，过几天我再修屋顶好了。”但再次下雨时，特别是当水滴到你的电视或电脑上时，漏水就成了你当下最重要的事情。你一边打电话找人来修，一边把家具从滴水处移开。你必须马上修好它。

我提议我们以同样的态度对待气候变化。现在，很大一部分“地球房主”把事情越弄越糟，因为他们的心理还处于否认的阶段。为了应对气候变化，有些事需要我们立刻进行，另一些事虽然可以暂缓，不过最后还是要做的。我们的地球家园需要好的管家。地球上的人越来越多了。

人类的呼吸消耗量和化石燃料燃烧量的飞速增长是导致气候变化的一个重大因素。在我8岁时，我们全家去纽约参观了1964年的世界博览会。那届世博会真是太棒了，展出了一些畅想未来的雕塑。具有圆形气动外形的未来汽车无声地穿行在5层弯曲高速公路上；清洁能源驱动的推土机使用激光砍掉丛林，为新的高速公路开辟空间；还有一个不锈钢球体，它今天仍然矗立在纽约拉瓜迪亚机场（LaGuardia Airport）附近的法拉盛草地公园（Flushing Meadows）上。不过回头想想，当时最吸引我的展品是人口钟（Population Lock）。那是一个显示世界人口总数的展板。它显示了过去地球上有多少人，经过几段跳跃式增长后，未来几十年后又会有多少人。我记得自己当时完全被展板显示的人口增长速度震惊了。

我当时和父亲在一起。开车时，如果发现里程表显示99999英里，父亲会把车熄火，然后慢慢推着车走，顺便用他的宾得数码相机的大号镜头拍些照片。当仪表盘上的数字慢慢滚到10万英里时，他已经拍了好几张照片了。这样你应该明白为什么这个家伙和他的儿子会被人口钟深深吸引了。人口钟为我带来不可阻挡的感觉。

那天，当得知刚刚错过了一个世界人口总数的历史性时刻时，我们感到非常遗憾。在我们到达人口钟的几个小时前，世界人口的官方数字刚刚从2,999,999,999跳到了30亿。人口钟上的世界人口增长曲线的斜率大得令我窒息。直到今天，我一想到世界人口的增长速度还要倒抽一口凉气。自1964年世界博览会后，世界人口已经增加了1.3倍，地球上又多了40亿人。

想象一下73亿人共享的生存环境到底有多大。从太空传回来的一幅标志性图像是：从太空遥看地球，一颗蓝色的大理石球悬挂在冰冷的黑暗中。如果你身边有台电脑、平板或智能手机（今天还有谁接触不到这些东西呢），上网搜一张从太空俯瞰地球的照片，然后试着找找大气层。你可能真的找不到大气层，就好像地球根本没有那层气体一样。打个比方，大气层的厚度薄得如同教室地球仪上的那层涂料。

我喜欢这个说法：如果我们有一种能以高速公路上的车速爬天梯的特殊汽车，那么不到1小时我们就可以到达外太空了。离开可呼吸的大气只需要5分钟而已！黑暗的太空离你我居住的地球只有100千米。因此，73亿人就生活在这层稀薄的地球大气中，呼吸它，依赖它，还向它排放废气。

每增加一个由骑自行车转向汽车的通勤者（以及其他任何一种会提高我们生活能耗的行为），化石燃料发电厂就要多支出一份能源，向天空排放更多废气。人口增多就意味着越来越多的人重复上述行为。人口增长不可能在可预见的未来内停止，追求更好生活的欲望也永远不会消失，所以气候发生了变化，我们现在遇到前所未有的干旱、洪水和热浪，海平面也在升高。

我从太多人那里听到过放弃的论调。他们叹息着说，气候变化的问题如此之大，我们做什么都无法弥补，只能任其发展。让地球变化吧，我们会想出善后的办法。这就是那种视地球为租赁房屋而不是家永远的人的态度。但问题是，如果租金涨了，我们没有别的地方可去。

我曾经去过中国、印度和美国的艾奥瓦州（Iowa）。在那些地方，人们与放弃态度的斗争让我备受鼓舞。气候变化源于工业革命的兴起，每个工业产品都难辞其咎。每一辆被淘汰的自行车，每一栋新建的别墅，每一台大空调，每一次坐飞机去工作或度假，都推动了气候变化。这些选择最终都指向了低效率。和气候变化作战，我们可以采用同样的办法。只要我们做不同的选择，以更清洁、更智能、更高效的方式做各种事情——无论大事还是小事。这是个艰巨也是个令人激动的挑战。我们作为全球化的一代，能够迎接这个挑战。

我们的星球看上去很大，其实真的很小。当你看到一个又一个发电站和一辆又一辆自行车时，尤其会这么觉得。地球是个温馨舒适的小家，它的未来掌握在我们手中。

成为伟大的下一代

我总是听到这样的观点："气候以前一直在变化中，将来也会一直变化下去，我们只需要适应它。"我也经常听到有人说："我们必须拯救地球。"这两种论调看起来截然相反，其实是同一种巨大误解的两个版本，这种误解是我们认为我们的关注是地球的福祉。其实我们不需要拯救地球，不管我们做什么，它会一直存在。但是我们不能忽视地球正在发生的改变，因为不论我们喜不喜欢，我们都居住在这个星球上。

我希望每个人都摒弃上述两种错误观点，这样想："我们必须拯救地球——为了我们！为了人类！"

把地球当作家可以一举避免上述这两种可能导致严重后果的愚蠢想法。假如你自己的房子着了火，你不会安慰自己说反正房子已经着火几千年了，也不会无所事事地想："好吧，事情自然就是这样的。”你会迅速行动。你行动不是因为“房子值得拯救”，而是因为如果不灭火，你将没有地方居住。如果房子着火了，你必须尽快灭火，拯救你的财产和你爱的人。你不会担忧房子中的老鼠、臭虫或者并不便宜的家养植物，你拯救房子只是为了你自己。

我不认为一种想法或者技术就能把我们从自己手中拯救出来。相反，我坚信我们必须同时用多种手段来解决这一系列难题。我们必须创造新能源、改变储存和传输能源的方法，想出联合世界各国政府和人民共同参与的方法。同时，我们还要说服愚蠢的气候变化否认者，因为他们危害巨大。他们就站在着火的房子外，坚称那黄色的火苗和浓重的烟雾并不是来自正燃烧房子的火。他们甚至认为，现在的房子本来就是这样的。

如果你是一名气候变化否认者，不管你正在读这本书，还是立刻把这本书扔进不可回收垃圾箱，我请问你：如果有一个科学家或者政客用拳头敲着桌子说吸烟与肺癌并无关系，你会相信他（她）吗？在这个时代，恐怕没人会相信这种说法了。肺癌发病率随着吸烟人群的增长节节攀升。科学家已经发现吸烟导致肺癌的机制，但在政客们和烟草大佬们的怂恿下，即使在科学验证这个机制几十年后，很多人仍然质疑吸烟和肺癌之间的联系。

同样的模式也出现在气候变化的争论中。随着我们向大气排入越来越多的二氧化碳以及其他温室气体，地球逐渐变热。气候变化和人类活动之间的联系非常像肺癌和吸烟之间的联系。对聪明的人来说，这种联系是完全确定的。不过与吸烟问题不同的是，我们无法通过个人选择来置身事外。对于吸烟问题，只要自己不吸烟或者搬离吸烟喘粗气的邻居，也许我们就可以脱离危险。可是面对气候变化问题，我们无处可逃，也没有所谓的讨厌邻居，因为我们都生活在同一屋檐下。地球是我们要守护的地方，因为我们所有人都身居其中。

只消观察那些不愿忽视事态严重性的政府部门或组织的行为，你就会知道气候变化问题有多么严重了。美国国防部在2014年发布的政策声明中明确表明了立场。那份声明是这样开头的：

> 在未来，严重影响我们国家安全的首要趋势是气候变化。全球气温将升高，降水模式将改变，海平面将持续上升，极端的天气灾害也将增多。气候变化会加大全球不稳定、饥饿、贫穷和冲突等问题带来的挑战，导致食物和饮用水短缺、流行病蔓延、难民与资源争端升级、全球自然灾害加剧。在国防战略中，我们把气候变化定性为“加剧危害的因素”，因为它很可能使我们今天正在应对的许多挑战变得更加严峻，这包括杜绝传染性疾病以及打击恐怖主义等。我们已经开始看到气候变化对国家安全的影响了。

上面的这些话并非出自支持政治左翼的评论家之口，而是来自美国军方的意见。他们正在为未来面临的严峻考验做准备。我们的房屋（指地球）必须安装支柱。我们要确保食物和饮用水的供应，并保证把它们送到居住在房屋里的每个人手中。美国军方并不是在孤军奋战，保险公司和农业都在严肃地对待气候变化。我们所有人也都将如此，只是时间早晚的问题。我希望这一天早一点到来。

我们每个人的所作所为都会影响其他人和世界的每个角落，

这似乎是我们这个时代不容辩驳的一大特征。我们都生活在同一片天空下。回收利用广告传单、安装节能灯泡、重复使用购物袋等事情虽小，却产生实实在在的影响。不过这些小改变并不足以带来一个更好的未来，我们必须大有作为，因为社会要不断向前发展。正如诺贝尔化学奖得主里克·斯莫利（Rick Smalley）所说，“我们必须以更小的代价做更多的事”，我们必须以更少的地球资源向人们提供更多的食物、水和能源。不是少消耗一些化石能源，而是一点化石能源都不能消耗！我们必须挣脱碳的锁链。我相信如果我们了解能源及其生产过程如何影响大气，上述一切我们都能做到。我们可以创造一个更好的未来。

在我以电视节目《比尔教科学》（*Bill Nye the Science Guy*）出名前，我曾在几家航空航天公司和西雅图一家造船厂担任了多年的工程师。我至今还持有职业工程师执照。工程师每天都在利用科学建造新玩意儿和解决各种难题，有时候那些问题很难对付。我相信你有时会产生制造某件东西的想法，而且之后实现了这个想法。例如，你可能在脑中想象了一套万圣节的着装，然后成功地把它做了出来，并且从别人那里得到了你期待的反应。有时候你会为自己远超预期的成就而感到吃惊。从心中仅有个蓝图，然后实现它，并感受它给你带来的巨大快乐。现在看看你坐着、站着或者躺着的地方，你在环境中看到的所有东西基本上都来自某个人的心中所想，它们都是科学、工程和设计的产物。即使你在户外阅读，比如在公园里，那里的每一棵树也都是人们在周密的计划下栽培的。

人类在利用科学解决问题和制造产品上取得了巨大的成功。现代的房屋与20世纪30年代大萧条时期的房屋相比，变得更加舒适；今天，每个发达国家的人都可获得清洁的饮用水、良好的卫生系统、充足的食物，也可以随时调节家里的温度、湿度，还有似乎用之不尽的电能。与人类历史上的其他任何时期相比，今天的大部分人过着极其高质量的生活。当我看到人类创造的所有事物时，气候变化的难题看上去没有那么吓人了。挑战当然还是有的，不过没想象中的那么棘手。

让世界变得更好，需要解决许多工程难题，而且每个难题也许最终需要多种办法才能解决。现在我们已经找到了比燃烧煤更清洁更高效的发电方法，将来肯定会有比铜线或铝线更有效的输电方式。实验室正在开发的电池技术将广泛使用太阳能和风能，无论日夜。将来人们也会找到从海水中提取饮用水的办法，摆脱对积雪和雨水的依赖。以上这些都可以由你我来实现。

作为一名工程师和思考者，遇到任何问题，我总是寻求技术手段来解决。我可不是纸上谈兵，我总是自己先动手实践，看看自己的方法是否管用。我把自己的房子当作一个实现“更好更节能”安居理念的实验室。在本书的后续章节，我会谈到许多自己曾做过的实验。不过现在我想让你明白的是：我不认为我们在未来几十年可以单靠技术手段解决所有问题。我们必须改变生产、运输和储存能源的方法。这些改变不能只来自实验室，还需要我们制定新的法律和法规来推动。我不是说要减缓经济发展速度，相反，我提倡多关注我们的能源从哪里来，又用在了哪里，这样我们可以发现以现有资源做更多事的方法。

气候变化的挑战让我想起了小时候和家人在特拉华州（Delaware）海边的度假。当时，人们时不时在砂石路上停下车，往外看。他们会看到一只大西洋宽吻海豚游过，运气好的时候，能看到五六只时而跃出水面呼吸的海豚游过。每当这时，海滩边的游客指着海豚喊道："看啊！海豚！哇，这太棒了！"不过现在这种情况已经往更好的方向发展了。每天见到几百只海豚也是很平常的事情，因为我们清洁了海豚生活的世界。

在我年轻时，用海水直接冲洗船舱还是合法的。船上的生活污水和雨水收集在船舱底部，从引擎或厨房下水道排出的油也集中在那里。船员们曾经直接用海水冲洗污水舱，然后把废水直接排入海豚的栖息地——海洋。这种情况非常严重，那时每天下午我从海滩回到住处，脚上都会沾上一层黑色的黏液——污水中的焦油被冲到了海岸边。那真是糟透了。每家都会在他们房子的前门外放一瓶汽油和一块旧布。在进家门前，我必须用抹上汽油的布把脚上黑色的焦油擦掉。那时特拉华州和新泽西州（New Jersey）的海岸边到处都是焦油。当然，那些焦油最后出现在了所有人家中的地板上。

不过那都是老皇历了，现在已经看不到这种现象了。不再有焦油出现在海滩上，是你我选举的立法者终结了这种情况。船员禁止把厚厚的废油和舱底的污水排进海洋。我们以前污染了环境，后来又清洁了环境。我们改变了世界。

我父辈那一代努力工作，赚钱养家，不怎么考虑给环境带来的问题。但他们不是故意伤害地球，只是没有意识到当时在做什么，不然他们一定不会那样做。在美国东部海岸，老的排污方法把居民玩耍的地方弄得一团糟，之后他们意识到长期的环境影响比用简单、经济的方法清洗船舱更重要。他们知道改变是可能的，而且改变也不是那么困难和昂贵。小小的改变就产生巨大的变化。当地的水变干净了，沙滩也比以前更漂亮了。

许多书籍、文章和纪录片都讨论过第二次世界大战期间美国的那一代人。我的父母也是第二次世界大战的退伍军人。他们被称为“最伟大的一代”，因为他们接受了挑战，让世界免遭独裁霸权的统治。一些专家经常说，以后再没有任何一代人（尤其是今天这代人）可以比得上父辈这“最伟大的一代”。我不同意这种说法。现在我们也面临一个挑战。就影响力而言，这个挑战甚至超过一场世界大战。这场战争要保护我们的家园和未来。这是一个所有人都要站出来的时刻：你可以身体力行、创新，帮助制定新政策，选举你所支持的代表。

你和我都可以是伟大的下一代。我们可以拯救地球——为了我们自己。让我们开始行动吧！

3

不可控的温室效应

我在康奈尔大学工程学院学习时，曾经有幸跟随卡尔·萨根（Carl Sagan）[①]学习天文学。在功成名就的科学家中，很少有人能坚持教授入门级的课程，卡尔·萨根是其中之一。在他看来，自己的前沿研究和向每位学生（即使是之前完全没有接触过科学的学生）分享经验之间没有任何界限。

作为变暖世界中的一员，我们面临着许多任务。我们要建立基于可再生能源的电网，要为全世界的人提供清洁的水，还要应对气候变化否认者。我经常想如果萨根博士还活着，会如何对待顽固的否认者？卡尔·萨根于1996年去世，那时美国中西部还没有遭受连年洪灾，加州严重的干旱也还未开始。如果萨根还活着，

① 美国天文学家、天体物理学家、宇宙学家、科幻作家。小行星2709、火星上的一个撞击坑以他的名字命名。——译者注

我确信他一定会站出来鼓励我们尽快解决气候变化的问题。事实上，早在几十年前，他就意识到一个更暖的世界意味着什么。我希望气候变化否认者能够花点时间听听萨根对气候变化的论述。

卡尔·萨根最富创新性的一个研究是探索行星的大气如何以热量形式捕捉太阳能。萨根和美国航空航天局的天体物理学家詹姆斯·波拉克（James Pollack）以及其他研究者开发了一个计算机模型，模拟著名的温室效应如何加热地球。太阳能主要以可见光[①]的形式穿透大气层，然后到达行星表面。这些可见光一部分被地表反射，一部分被地表吸收。因吸收太阳能而变热的地表会把得到的一部分能量再以热量[②]的形式辐射到外太空。在穿过大气层的途中，这些热量会被各种气体捕捉。其中，水蒸气和二氧化碳捕捉长波辐射的能力特别强。

二氧化碳分子是线性的。一个碳原子位于分子中间，两边各连接一个氧原子，三个原子排成一条直线。二氧化碳分子的长度和灵活性恰好可以让波长390~700纳米的可见光穿过，但是二氧化碳分子会阻挡波长较长的红外辐射。这些红外辐射的波长是可见光的10倍。捕获热量的能力反映了二氧化碳分子的尺寸和形状的特征，也反映了二氧化碳分子捕获或传递的波长特征。这就如同温室困住光合植物蒸腾作用产生的暖空气，因为温室的存在，暖空气无法通过对流上下移动，也无法被风吹到别处。温室的玻璃就和二氧化碳分子一样，并不阻挡光，却能很好地困住热量。太阳光可以照进温室，但转化后的大部分热量无法散发出去。这就是温室效应在冬天依然暖和的原因。

---

① 波长较短。——译者注

② 波长较长的红外光。——译者注

如果大气没有通过温室效应保持住热量，地球将变得不适宜人类居住，成为一个冰冷的星球，表面平均温度只有-18摄氏度。因此，温室效应本身不是问题，问题在于，地球上的温室效应日益增强。大气中多余的热量正在改变天气模式和世界各地的气候。当然，除了温室效应，还有许多其他因素影响气候。例如，火山喷发产生的尘埃和悬浮颗粒经常直达上层大气，把一些太阳光反射回外太空，使地球温度下降。太阳自身的亮度每年也有变化，不过基于波拉克和萨根的工作的各种大气计算机模型和大量环境历史数据都表明，燃烧化石燃料产生的二氧化碳是气候变化的主要根源。

但即使经过近50年的大量研究，科学界对全球变暖的本质达成共识也已经超过30年了，仍然有一大批人抓住一些非主流的事实，甚至更常见的，抓住非主流的观点否认正在发生的气候变化。否认了问题，他们就不需要站出来做什么了。

气候变化常常违背我们的直觉，所以很难理解。如果你在俄克拉何马州（Oklahoma）的乡村长大，即使是最近的邻居，距离你也有几英里远，你大概很难想象这么大一片草原上的这几个人就能影响整个星球的气候。不过，气候变化的确正在发生，在不同的地方以不同的方式发生。几十年的个人经验对于评估这场正在发生的大尺度事件也不能提供有用的指导。

我自己的直觉也经常误导我。高中时，有一年的冬天非常冷。我和朋友在结冰的切萨皮克-俄亥俄运河（Chesapeake and Ohio Canal）上滑冰、打冰球。这条河与华盛顿特区的波多马克河（Potomac River）平行。因此，当1975年的《新闻周刊》（*Newsweek*）报道说一些科学家认为世界正在变冷，地球将在接下来的几百年里进入另一个冰河世纪，我觉得很合理，因为高中那年的记忆实在太鲜活了。就像现在一样，《新闻周刊》从来都不是一份专业的科学出版物，让杂志大卖才是它的经营者关心的事情。所以新闻故事往往被夸大，听上去比实际更吓人。那时我不知道美国科学院（National Academy of Sciences）在同年也发布了一份报告，声称："我们至今对气候如何工作还没有定量的理解，也不明白气候发生变化的原因。没有这些基础的认识，我们无法预测气候。"

40年前，我还是个少年，电脑还很原始，只有几家研究机构可以使用因特网，地球观测卫星也只有有限的几颗。今天我们对气候已经有了更深的理解。但是气候变化否认者还一直把1975年《新闻周刊》的那篇文章以及《纽约时报》（*The New York Times*）的一篇类似文章当作权威资料引用，以此证明科学家完全不了解气候。今天还在引用那些旧文章的人不仅曲解科学，还忽视现实。他们甚至还想说服你也这么干。这是一场由金钱推动的政治阴谋，不要上当。

气候变化否认者还有一些其他论点。这些论点很危险，因为除非你仔细检查其论据，不然它们看上去很合理。下面我将举一些例子，请跟上我的脚步。挑出这些论点的瑕疵是真正了解气候变化的绝佳方法，你还将因此收获一些开拓思路的知识。正如我前面所说，气候变化否认主义与为全世界人提供清洁能源和水一样，都是需要解决的问题。

有些挺聪明的人一直混淆"天气"和"气候"这两个概念。天气是同一地点每天更替发生的现象，而气候是大地理区域甚至整个星球的多年统计结果。2015年2月，为了说明全球变暖是一个骗局，参议员詹姆斯·英霍夫（James Inhofe）把一个雪球带到了参议院，因为那年华盛顿特区的整个冬天都在下雪。除了混淆“天气”和“气候”之外，这位参议员还严重曲解了气候变化的机制。并不是地球上的每个地方都在变暖，气候变化远比这复杂，这也是为什么许多科学家不再使用“全球变暖”这种表述方式。当北大西洋西部变暖时，大气中的水蒸气增多，给北美洲的东海岸带来更多降雪。目前虽然没有“全球变暖导致暴雪”的说法，但大气中的能量增多，确实会增加风暴袭击华盛顿特区的概率。因此，华盛顿特区的暴风雪绝对不像这位参议员声称的那样，否定了科学家的气候模型。

对气候变化知之甚少或者存心误导听众的人经常坚称大气中的二氧化碳越来越多是一件好事，因为植物的新陈代谢需要二氧化碳。二氧化碳为植物提供新陈代谢必需的碳，这没有错；二氧化碳也使地球变得足够温暖，适合居住。但问题在于，我们往大气中排放温室气体的速度实在太快，尤其是排放二氧化碳的速度。自1750年以来，人类的排放导致大气中的二氧化碳含量增加了40%——超过400微升/升。

地球适应这些剧烈的变化需要很长的时间，但在这期间，许多地区的植物将面临过热或干旱的困境。近期，年复一年的干旱已使很多地方沙漠化。美国加州已经开始感受到这种极端持续干旱的影响。随着二氧化碳增多，海平面升高，一些绿地被淹没，地球上的植被覆盖面积将萎缩，而不是扩张。至于海洋中的许多绿色植物，大范围的气候变化也会给它们带来麻烦。无论是陆地植物还是海洋植物，都要适应现在的气候。剧烈的气候变化会杀死大部分植物。这些对人类来说都是坏消息。气候变化和海平面上升还将增加沿海城市遭受洪涝灾害的风险。因此，“二氧化碳含量增加是好事”是一个很愚蠢的观点。

有时，气候变化否认者会摆出中世纪暖期的例子。公元950—1250年，地球上的一些地方，尤其是北大西洋地区，变暖了一些。那时斯堪的纳维亚移民在现在的格陵兰岛定居下来。气候变化否认者认为，这表明地球气候的自然变化很大。因此，他们得出结论：既然以前发生过，今天的气候变化也不是人类导致的，因为气候的自然变化实在太大了。当然，科学家尽最大努力把各种自然变化囊括到预测气候变化的数学模型中。勤奋的气候科学家仔细地评估了所有自然过程，认为现在正发生的气候变化完全不同于中世纪暖期的气候变化，是前所未有的变化。引用某些局部地区过去的历史变暖记录，证明今天的全球气候变化不是人为造成的，只能迷惑电视观众或者得到一些政治支持，但在科学上是没有意义的。

另一个站不住脚而且容易迷惑人的观点是，人们在过去几十年中实际观测到的大气变暖幅度没有计算机模型预测的那么大。气候变化否认者根据两者的不一致认为计算机模型完全是错误的。最近美国国家海洋和大气管理局（NOAA）的科学家发现，如果把所有的数据都考虑在内，地球的变暖幅度实际上比模型预测的还要大。两者只是在某些细节上出现差异。人们在大气中观测到的多余热量的确没有模型预测的那般多。科学家重新检查了温度数据，结果发现失踪的热量原来存储在海洋里。深海变暖的幅度高于计算机模型预测的结果。自从模型运行以来，太阳的活跃程度降低了一些，海洋环流（拉尼娜）的周期变化也使太平洋的海表温度低于平均温度。这些自然变化对于气候的长期趋势几乎没有影响，但会产生欺骗性的短期变化。另一方面，变暖的海水正加速北极海冰的融化。只有当你故意挑选一些数据而忽视其他，你才能看到最近大肆炒作的“全球变暖停滞”现象。

也许气候变化否认者最想攻击的是气候模型背后的科学家：如果科学家甚至不能准确地预测下星期的天气，又怎么可能准确预测下个世纪的气候。这是《新闻周刊》那篇文章论点的一个放大版本。问题的根本会变成：为什么我们会相信气候科学家知道他们在说什么？

事实上这还真是个值得仔细回答的好问题。现代的气候模型远比我学生时代时波拉克和萨根用的那些复杂。今天的模型囊括了云、海洋、冰川、山脉、森林、陆地以及人类向大气排放的各种气体和固体颗粒的影响。随着地球绕太阳转，地轴在26,000年的周期中摇摆不定。地球的轨道本身也不停摆动，其椭圆度在100,000年的周期中不停改变，其倾斜度在41年的周期内不断改变。这些运动改变了地球上的不同地区每年不同时间和几千年以来获得的阳光。为了预测精准，气候模型需要考虑以上所有的变化，它们也确实这样做了。

因此，代表地球、空气及海洋的气候模型几乎包括了我们所知的一切。数学家和科学家根据水、空气和阳光的物理性质和化学性质，把天空分割成了几十亿个虚拟的小盒子，并用数学方法模拟空气、水和陆地。每个小盒子的性质——每个数学变量都是十分清楚的。研究员再用复杂的方程来描述每个盒子与周围盒子之间的相互作用，以预测下一刻的天气。但同样重要的是，他们利用计算机模型“预测”以前的天气，并据此检查模型。换句话说，他们逆时间运行模型，回测过去（postdict）。“回测过去”是一个与体育运动密切相关的术语（尤其是棒球数学）。

与其他运动相比，棒球运动最吸引人的一点在于，统计在其中特别有用。每一次投球都是一个数据点。每次投球的结果，无论是坏球、好球、一二三垒打，还是全垒打，都会被记录下来。最近这些年，根据这些统计数据，人们得到了一些可以“预测过去”的指标。现代棒球统计学家完全颠覆了以前挑选球员的方式，现在哪些球员被派上场完全基于他们在以前每个赛季与每支球队交锋时的表现。这项技术因书籍和同名电影《点球成金》（*Moneyball*）而广为人知。任何一组建议的统计数据都不会被采纳，除非它显示过去的赛季结果与他们多年前使用这些统计数据预测的结果一致。

气候模型也采用同样的原理。我们把地质历史数据输入复杂的计算机模型中，通过一些调整使模型计算结果与古气候数据相符。古气候数据大多来自岩石、湖底沉积物中的花粉粒、树木年轮，以及格陵兰岛和南极洲等地的冰芯中的远古大气样本。除非气候模型能准确预测过去，否则它是不可信的。最近，气候模型预测的过去气候与观测结果越来越接近。根据这些日益精准的模型，我们将清楚地看到将来的气候变化有多么严重。

统计学也能解释为什么预测大区域的长期气候趋势要比预测局部区域的小型天气事件容易得多。短期预测是尝试模拟混乱的模式，而长期预测是跟踪不停改变的输入的整体效应。如果你预测美国的夏天比冬天热，大概除了俄克拉何马州的参议员，没有人会质疑你。由于地轴的倾斜，夏半球总能获得更多阳光，地表温度也更高。当然，夏天也有凉爽的日子，冬天也有暖和的日子，但整体上夏天总是更热一些。问科学家如何确定地球正在变暖，就如同问他们如何确定明年夏天还会到来，因为这都是长期的大趋势。

说到趋势，1992年我刚开始做《比尔教科学》电视节目时，大气中的二氧化碳含量是356微升/升。到了今天，正如我之前提过的，二氧化碳的含量已经超过400微升/升。这都是由于我们燃烧化石燃料。我们制造的二氧化碳越多，地球在今天和未来的几十年甚至几百年就会变得越热。为了防止形势变得更加严峻，我们必须迅速行动起来。请记住，未来变暖已经无法阻止了，因为我们已经排放了几十亿吨温室气体。即便是温室气体中最容易分解的成分，也不会在未来几十年内消失，它们的影响将持续几千年。

虽然我重点强调了二氧化碳，但它不是唯一的温室气体，人类活动也会产生甲烷。由于甲烷分子的特性，它们保持热量的效率远高于二氧化碳分子，而且甲烷分子可以在大气中停留几十年。以1个世纪的时间为例，1千克甲烷的温室效应大概是1千克二氧化碳的30倍。听好了，地球北极的永冻土和大陆架附近冰冷的海底中存在数十亿吨甲烷水合物（可燃冰）。如果西伯利亚变暖或者海底的海水变暖了，甲烷就会从陆地沉积物和深海中释放出来，进入大气中，就好像你打开一罐汽水或一瓶香槟时气泡涌出一样。

科学家还不确定将来有多少甲烷会因气候变暖而释放，不过想想地球上曾经有多少永冻土，现在又有多少永冻土，我们大概就能推测出有多少潜在的甲烷会带来麻烦了。最新有关甲烷影响的研究强调：尽管甲烷的影响在气候预测中还不确定，不过正是这些不确定性使气候变暖程度比现在预测的结果还要严重。

为什么还有人在争论气候变化是否存在？为什么所有的政治

领导人和商业领导人不愿意呐喊号召伟大的下一代想出对策？问题的关键在于，许多富人是依靠化石燃料工业发家致富的。为了保护自己的财富和生意，他们投入了气候变化否认者的阵营。保守派政客从化石燃料工业得到了很大的资助。他们认为科学对于“不确定性”的标准描述（比如不确定性是±3%）和我们一无所知（即答案可能是-100%）是一个意思。保守派媒体也配合传播这些保守派的观点。这是非常错误而且危险的做法。

拿我最近和约翰·施托塞尔（John Stossel）的制片人打交道的经历来说吧。约翰·施托塞尔曾经是美国广播公司新闻（ABC News）的主持人，不过在2009年加入了福克斯新闻（Fox News）。他一般对进步政客持批判态度，也是一名狂热的气候变化否认者。施托塞尔的制片人曾给我的公关人员发来一封邮件质问，相对于其他人的气候变化评论，为什么竟然有人更认可我的评论。我和我的公关人员看到邮件还给了一个回复的最后期限，就更乐了。“请在周一中午前回复这份邮件。”通过网络主动询问信息并附上回复的最后期限是极为咄咄逼人的行为。我非常乐意接受这个挑战。

如同2014年在肯塔基州（Kentucky）举行的“神创论”辩论，这对我来说是个好机会。我想要和狮子（即福克斯新闻）在它的巢穴中会一会。我觉得揭露福克斯新闻推崇的极端气候变化否认主义是一个很有效的方法，可以慢慢改变那些从来不质疑其观点的电视观众的想法。我经常说，如果一个人对世界的感知就像切换开关那样——要么这个方向要么另一个方向，那么一场网络辩论或电视辩论是不会改变这个人的观点的。相反，观点的改变会是一个循序渐进的过程。所以我在福克斯商业新闻网（Fox

Business Network）上的出现能在不明智的气候变化否认阵营中撬开一个洞。我的回信是这样的：

亲爱的制片人先生：

我是一名机械工程师，华盛顿州执照编号为21531。我曾在西雅图地区的航空航天工业界工作超过了20年，然后才成为一名非正式的科学教育者。作为一名工程专业的学生，我在学校里学习了4年的物理，尤其是经典物理，还学过热传递和流体力学的课程。大气物理包含了这两门学科的内容。我曾以机械设计谋生，专长为控制理论（control theory），也就是工程中处理反馈系统（比如飞机操作面和喷气式民用机的自动驾驶仪）所需的理论。大气系统也包括反馈和强制部分。

我选择做影响孩子的工作，是因为我觉得美国的管理模式实在太平庸了。这种趋势表现在以下事件中：福特平托（Ford Pinto）和雪佛兰织女星（Chevy Vega）的生产、白宫太阳能热水系统的拆除、忽视国际公制单位（导致我们的国际竞争力下降）、通用汽车EV-1电动汽车的销毁，以及一些战斗机的研发损失几十亿美元（因为这些飞机要么不能飞，要么不是以优异的表现闻名，而是以高昂的造价闻名）。

除此以外，我忍不住提出一个又一个问题。到底是什么让有些人觉得世界上97%的气候科学家都错了？我可不是问20世纪70年代大众杂志上的一两篇文章，我是在问今天出版的经过同行评审的海量专业科学论文。我还可以问得更个人一点，施托塞尔先生是不是还处在为地球环境哀伤的第一阶段呢？换句话说，他还处在否认阶段？根据库伯勒-罗丝

（Kübler-Ross）的悲伤模型，他接下来要经历的4个阶段分别是生气、讨价还价、抑郁和接受现实。

福克斯新闻的观众应该记住，科学界和工程界从20世纪80年代起就开始关注气候变化了。你们可能记得1988年6月23日这一天，吉姆·汉森（Jim Hansen）向美国国会（U.S Congress）证明了气候变化的趋势；20世纪90年代，我在《比尔教科学》节目中给孩子们展示了气候变化；我在1993年出版的第一本科普书《比尔教科学：科学大爆炸》（*Bill Nye the Science Guy's Big Blast*）中也谈到了气候变化。有关气候变化的发现和社会的反响使施托塞尔憎恨的前副总统戈尔（Gore）于10年前制作了电影《难以忽视的真相》（*An Inconvenient Truth*）。

我们这些外行人都已经接受了气候变化现象，并且正在努力改变这种现象。施托塞尔先生可以影响他的观众，请他们也加入解决气候变化的工作中。

保持联络。

比尔·奈

但我没有收到施托塞尔制片人的任何回复，几天后我又写了一封邮件：

制片人先生，你和施托塞尔先生还可以看看附件中《比尔教科学》节目的指导规则。我们节目的每位工作人员和实习生手中都有这份文档。它反映了我对环境和当时美国工程管理的担忧，当然，这种担忧今天还有。请注意，这份文档写自1992年6月1日，于1993年5月4日定稿发出。“挑战者”号（*Challenger*）和“哥伦比亚”号（*Columbia*）太空船事故也是体现美国管理模式平庸的例子。你可能知道我还在石油行业干了两年。我曾担任工程师，负责浮油分离和利用一台机器清除得克萨斯州和新墨西哥州老油井生产的焦油和含石蜡水。我曾用自动洗衣机清洗我沾满油渍的工作服。我有一些石油生产的知识。

约翰·施托塞尔好像不知所措了。他后来再也没有邀请我上他的节目，但我还是希望他能考虑我的建议，即使是坚定的自由主义者，也应该支持应对气候变化。制造问题的人正在妨碍其他人享受今天地球给予我们的一切。有时候政治自由需要捍卫，环境自由也需要捍卫。如果我们想要平衡地球的生态系统，就必须想出新办法解决各种大小问题。只要停止否认问题的存在，我们就可以做到。

不作为的代价

作为一家之主，我们总是要考虑各种花销及相应的收益：要在家里添置些什么才能保证家人的健康和安全？是否需要安装烟雾探测器、氡测量仪、除湿器、隔热材料、去除石棉的仪器？我们的地球家园也需要类似的东西。但每一项能帮助解决气候变化的新技术或者新行动都需要花钱，这产生了第二种气候变化否认者。许多人同意气候变化正在发生，但也认为要想办法去解决并不容易，在经济上不合算。我告诉你们，他们完全错了。

为什么我们生活的世界正在变暖是一桩严重的事情？尝试下面的实验：请你先往一个玻璃杯中放一些水，然后尽可能小心地测量水位，并用胶带、钢笔、铅笔或毡尖笔做一个记号，接着把盛着水的玻璃杯放到微波炉中加热。几分钟后，仔细看，水位升高了，虽然只是高一点点而已。地球上的海水和玻璃杯中的水一样，遵循同样的规律。当海水变暖，只要变暖一点点，海洋就会变大一点点，因为水受热膨胀。海水变暖是海平面上升的主要原因。冰川和大型冰盖融化也会导致海平面上升。当海洋扩大时，世界各地的海港都有被淹没的风险，因为卸货码头及其附近的公路都只比海平面高一两米而已。

如果气候继续这样变化，美国的新奥尔良、迈阿密、旧金山、西雅图、圣迭哥、洛杉矶和纽约，以及世界著名的港口城市——东京、悉尼、孟买和青岛，都将必须在海岸线上筑起堤坝，以抵御洪水。起初，只有当潮水上涨或者遇到风暴潮时，这些城市的海岸线才会被淹没。但是几十年之后，这些地方可能终年都被淹没在海水之下，人们将被迫放弃现在的家园，搬到其他地方。所有的基础设施——管道、网线、木屋、瓦屋顶和下水道都将被抛弃。如果你生活在不发达的国家，那就糟透了。你会被困在海边，因为没有其他内陆地区可以搬家。这基本上都是发达国家的过错。他们排放的温室气体最多，而生于不发达国家中的你却要面对最糟糕的问题。你生气是理所当然的，没有人会责怪你。

如果大气中含有更多热量，风暴的威力会更强。即使物理机制和传热机制没有提升风暴的强度，风暴的扩散面积也可能增大，造成大麻烦。随着大气中的热量增多，空气中的水蒸气含量增加，水蒸气会形成降雨，导致严重的洪灾。你知道吗？美国过去100年的基础设施规划都没有考虑大规模的天气变化，美国的基础设施和服务不具备抵挡未来气候灾害的能力。世界上其他地方也存在类似的问题。2015年，印度和巴基斯坦的热浪就夺走了约4,000人的生命。

写这本书时，我每天在网络社交媒体上转发有关美国中部降雨强度和洪水频率的信息。芝加哥遭遇龙卷风袭击、雪在波士顿的房顶上一挂就是几个月的情况都是很少见的。虽然把一个天气事件归咎于气候变化是不科学的，但是在统计上这种极端的天气事件将越来越普遍。它们不仅仅是带来不方便而已。在我每年都会住上一段时间的加州，干旱已经持续了好几年了。州长布朗先生不得不宣布大幅削减各类用水，现在看来削减的力度可能还不够。另外，加州400亿美元的农业生产也陷入了危机。美国西海岸的城市用水、供应美国以及世界其他许多地方的农产品一直都依赖于山区冬天的降雪，但由于全球变暖，降雪越来越少了。

在南极和北极，我们面临的问题不同。在北冰洋，漂浮在海面上的海冰把大量阳光反射回外太空。如果这些海冰融化，海平面不会发生变化，正如玻璃杯中的冰即使融化了，水位还是那么高。但海冰融化后，吸热能力强劲的海水将暴露在阳光下，海洋因此变暖而膨胀，海平面上升。当格陵兰岛上的冰融化时，融化的淡水流入海洋，不仅升高海平面，还稀释海表水，使其盐度及密度降低。于是海洋表水下沉的速度变慢，从而影响整个海洋环流。墨西哥湾流流动的方向将会改变，进而影响北美洲和欧洲大陆的天气。

当南极的冰融化时，情况相反。巨大的冰块将从南极洲的岩床上坠入南大洋，这就像把冰块扔进一杯满满的水中一样——水会溢出到桌子上。南极冰盖都是庞然大物，蕴含大量水。当它们坠入海洋，全球的海平面会随之上升。地球就像一个巨大的球形房屋，里面发生的任何事都会影响到每一个人。

接着还有粮食问题。我们的粮食都来自具有上千年耕作历史的农业区。一旦降水规律和灾害天气的频率发生变化，我们不仅要被迫前往别的地方开垦新农田，还要适应新的农时。北美洲是世界的一大粮仓。我们的耕种系统必须适应气候的变化，这并不是件容易的事情。在气候不适宜耕种的北方，我们尤其缺乏基础设施生产粮食。例如，在加拿大萨斯喀彻温省（Saskatchewan）北部，人们现在还无法像在美国内布拉斯加（Nebraska）南部一样生产那么多粮食。大规模的农业迁徙需要花上数十年的时间。

气候变化还将影响疾病。正如我经常强调的，我们在演化过程中最大的敌人并非狮子、老虎或熊，而是细菌和寄生虫。当地球变暖，某些细菌和寄生虫将会肆虐；曾经不可能接触到热带疾病的人类也将无法幸免；曾受严寒冬天保护的松林可能将被不再冬眠的甲壳虫破坏。随着越来越多的人越来越容易生病，我们将付出前所未有的巨大代价来应对疾病、死亡、工资损失和生产力的下降。这可能看上去微不足道，但我们应该还记得16世纪的淋巴结鼠疫——著名的黑死病流行时的情景，还有1918—1919年杀死了至少5,000万人的西班牙流感，这比第一次世界大战中牺牲的人还要多。世界变暖有利于寄生虫的繁殖，却对我们非常不利。疟疾和其他热带疾病已经开始侵犯更北部的地区了。变暖的气候将把这些疾病带到现在冬天霜冻阻止它们靠近的地方。

我们回到那个房子着火的比喻。你可能喜欢做“成本-效益”分析，但当你看到火苗的时候就会决定：该行动了，你可付不起不行动的代价。保护我们的星球家园也是同样的道理，除了行动，我们别无选择。幸运的是，我们还有足够的时间，科学将为我们指明道路。

5

二氧化碳如何导致全球变暖

在20世纪早期的唱片商店里，黑胶唱片的复兴非常引人注目。一根非常细的磁针在旋转黑胶唱片的凹槽中滑过，产生振动，然后振动被电子化为声音。我有一定岁数了，那些唱片是我童年的好伙伴。当我还是小孩时，我无法把7英寸[①]的黑胶唱片放到留声机的唱盘上。田纳西·厄尼·福特（Tennessee Ernie Ford）有一张销量超过2,000万的双钻石唱片，里面有首歌《16吨》(*Sixteen Tons*)深深吸引了我。这首歌中有一段标志性的、忧伤的单簧管重复，福特先生唱出了挖煤工的哀叹和每日繁重的工作。这是碳经济的世界——我们正尝试改变的世界。

16吨煤大概可以填满12辆运煤车，是近17立方米的小黑石，

① 1英寸约合2.54厘米。——译者注

田纳西将这些数字融入他的乡村音乐中。在这章，我打算介绍现在的能源体系对我们造成的伤害，并讨论我们该怎么改变能源体系。

煤几乎就是纯碳。煤燃烧时，每个碳原子结合大气中的两个氧原子形成二氧化碳。氧原子比碳原子重1/3，你每燃烧1千克煤会产生$3\frac{2}{3}$千克二氧化碳。在标准大气压和常温下，1吨二氧化碳的体积是534立方米，大概可以填满边长为8.1米的立方体。这个高度和美式足球的球门一样高。歌手田纳西所唱的16吨煤可以换算为59吨二氧化碳，这些二氧化碳可填满边长为30米的立方体——这是一座非常大的办公楼了。这已经是很多气体了，不过和后面的比起来，这算不上什么。

人类每秒产生1,150吨二氧化碳。照这样算，每天产生的二氧化碳是9,600万吨，每年产生的二氧化碳是350亿吨。在过去的几个世纪，人类燃烧的碳把大约4万亿吨哺育生命的氧气转化为6万亿吨二氧化碳。这些数字大到令人震惊，或者更准确地说已经超过我们能感知的水平。我们燃烧大量气体的历史已经很长了，都习惯了。套用一句美国俚语，我们摆摆手说："这不是什么大事啦。"的确，排放二氧化碳在过去几百年中都不算什么大事，不过现在却无比重要。

在18世纪中叶蒸汽机被发明之前，地球大气中的二氧化碳含量为280微升/升。这些二氧化碳看上去不多，但足够维持陆地上和海洋中所有植物的生存了。植物又维持着所有动物的生存，包括你和我。整个碳循环维持着这个星球的运转。碳循环太了不起了，尤其是当它达到平衡时，太美妙了。然而，现在碳循环却不再平衡了。我们每年排放到大气中的350亿吨二氧化碳正在改变整个星球的大气。2014年，大气中的二氧化碳含量在人类历史上第一次超过400微升/升。

我们可先说清楚了，二氧化碳永存于空气中，是最重要的温室气体。它不像水蒸气、雨或者雪那样上下运动。与油烟污染或其他雾污染不一样，二氧化碳是透明的，所以它很容易被忽视，但人类生产的二氧化碳正在改变世界。二氧化碳会带来两个麻烦。第一，虽然太阳光可以穿透二氧化碳，但是地球表面反射的热量或者红外光会被二氧化碳捕捉。它就像一张盖在地球上的毯子，对地球温度的影响大于过去1,000年。二氧化碳带来的第二个问题是，它一直在大气中待着，几千年都不会消失。这就是为什么全球变暖和随之而来的气候变化已经根植于地球系统中。我们目前排放的二氧化碳将在未来的几百年一直加热地球。增加二氧化碳是我们目前最不该做的事情。我们必须停止向大气排放二氧化碳，越快越好。我们要脱离碳经济，不依赖化石能源发电。

回到恐龙生活的远古白垩纪时代，大约是1亿年前，地球上的二氧化碳含量曾经是现在的3倍。当然，那时没冰或雪。我们也很确定现在的北美洲大陆在那时是一片内陆海。我们决不能让那时的情景再出现，不然只有少量人类可以存活。

你可能注意到，在白垩纪，地球上的生命是很繁荣的。生物很自然地适应了当时的环境。气候变化否认者经常把这点当作他们的主要论据之一：看，大量二氧化碳也不是什么坏事嘛！是的，如果你是一只恐龙的话，这是挺好的。我们绝对不能忘记的根本是：大气中二氧化碳的总含量并不是主要的威胁，二氧化碳浓度的过快增长速度才是。现代社会建立在特定的气候和二氧化碳含量的基础之上。

历史数据非常重要，因为它们可以告诉我们过去二氧化碳含量改变时，地球气候是如何响应的。这些关键信息可以帮助科学家调整他们的气候模型，并且计算出未来我们要减少的碳排放量。你可能会问，我们怎么知道250年前大气中含有多少二氧化碳呢？其实我们可以直接测量1万年前甚至10万年前大气中的二氧化碳含量，因为南极、格陵兰岛和西伯利亚的冰盖中保存了远古的大气。

当雪落在这些寒冷的地方时，雪花的尖端（小手指状的延伸，如同餐叉的小齿）堆积在一起，把一小团空气封锁起来。雪年复一年地下，将里面的小团空气封死，新雪的重量导致陈年的雪花挤压变形。这种机械变形会产生一点点热，使雪花晶体变软，于是整个雪堆变成了透明的冰，原来的那一小块空气就变成了气泡镶嵌在其中，这个过程被称作复冰作用（regelation），这些气泡就是冰形成时的大气。科学家如果拿到这些气泡，可以非常精确地测量这些气泡中的气体成分。

正如太阳光可以分解为彩色光谱[①]，空气样本也可以被一种神奇的仪器[②]分离成不同的气体组分。由于组成气体的各种原子、分子的质量不同，当它们带上电荷并被水平发射到真空腔时，会落在不同的位置[③]。科学家通过查看原子掉落的位置，就能确定原子的质量，并推断出空气样本中含有多少种原子。由于原子很小，科学家不需要很大的样本就可以得到丰富的信息。利用这种质谱仪，科学家成功测量了过去几十万年大气中的二氧化碳含量和其他气体含量。这种技术极为精确，毫无争议。我们可以清楚看到

① 通过棱镜分解。——译者注
② 同位素质谱仪。——译者注
③ 在磁场的作用下，偏离的角度不同。——译者注

工业革命是什么时候开始的，精确地测定过去几十年、几百年的二氧化碳含量。

几年前，为了亲自见证这类研究，我拜访了位于科罗拉多州格伦代尔市（Glendale）的美国国家冰芯实验室（U.S. National Ice Core Labortary）。数千根从世界各地小心采集的柱形冰芯就储存在实验主楼之中。那栋楼恒温-36摄氏度，我问那里的主管托德·欣克利（Todd Hinckley），为什么他设定这个温度来储藏和保护这些昂贵、难以采集的冰芯，他说这个温度不是他设定的，大楼工程师只是把恒温器调到了最低温度。那里真的很冷，你必须穿上超厚的靴子和几层大衣，才能在那里逗留几分钟。

通过研究大气二氧化碳的历史，科学家们可以探索气候变化中最复杂的一个问题：反馈机制。我想读者你对反馈大概并不陌生。在学校的礼堂，台上拿着麦克风的人如果太靠近扩音器，你就会听到非常尖锐的声音，这就是反馈的一个例子。反馈产生后，手持麦克风的人立即用手捂住它，然后从扩音器处跑开。响亮的尖叫声是扩音器反馈麦克风声音的结果。

如果台上的人不赶快捂住麦克风，或关掉扩音器，或拉松电线，噪声将无止境放大，甚至可能震碎周围的东西，这叫作正反馈。因为在这过程中，能量不断反馈壮大自身，我们把它叫作正反馈或放大反馈回路。有了这个概念，我想你已经准备好理解气候变化的机制了。

有些觉得自己数学很差的读者可以放心。只要你理解反馈，知道加和减，其实就已经掌握了足够的数学技巧来理解气候科学。无论你是否意识到，我们每天都在做减法。当你打开淋浴器，把手伸进水流去试水温时，你就在想要的温度和真实感受到的温度之间做减法。如果水太冷，你会将想要的较高温度减去水流的较低温度，这就告诉你还需要加热——再加点热水；如果水太热，你在直觉上还是以理想的温度减去真实感受到的温度，这种情况是以一个小数减一个大数，结果会得到一个负数，那意味着你想要"负的热水"——更多冷水。

在气候科学中，正反馈回路描述的是自然增强的效应，负反馈回路描述的是自然减弱的效应。气候变化是由能量驱动的，注意我们这里说的是反馈能量。因此，气候变化会减少或增加大气和海洋系统中的总能量。我们把地球当作一个气候系统，视能量输入为一个强迫函数。在麦克风-扩音器的例子中，电是能量源，能放大声音，扩音器中的电能可以将声能放大。麦克风把声音转变成电信号，扩音器又把电信号扩大，制造更大的声音，如此下去。在气候系统中，我们把驱动反馈的能量简称为强迫，太阳能就是一种强迫。

气候系统有好几种强迫和反馈（正反馈及负反馈），这也是为什么只知道大气中的二氧化碳含量并不能告诉你气候将来会如何变化，或者以前的气候是怎样的。人们发现水蒸气比二氧化碳具有更强的温室效应，不过降水或降雪会带走水蒸气，二氧化碳却一直留在大气中。

二氧化碳和其他温室气体导致全球变暖，水蒸气也一样。如果大气中的水蒸气增多，大气也会变暖，这是一个放大的正反馈，导致全球温度升高。但是当水蒸气到达一定浓度时，会冷凝成细小的液态水滴，我们称之为云。雪白蓬松的云把太阳光反射回太空，使全球温度下降，这个过程是负反馈。

正如你怀疑的那样，云在各个高度上具有不同形状，所以云的问题其实非常复杂。蓬松的低云反射太阳光，冷却地球，形成负反馈；高挂在空中的小束卷云由冰晶组成，将地表的热反射回地面，加热地球，形成正反馈。由于大气中的水蒸气能产生多种形态的云，并且这些云的作用各不相同，非常复杂，预测未来气候的电脑模型也必然非常复杂。还好在计算机科学中，我们喜欢复杂，复杂也是我们需要计算机的原因。所有模型都显示全球变暖是人类活动和自然界反馈机制共同作用的结果。

火山喷发也能显著地影响气候，不过不是通过二氧化碳。火山大喷发会把几百万吨二氧化硫气体喷射入大气中。1991年，皮纳特罗火山（Mount Pinatubo）的喷发将2,000万吨二氧化硫送入30千米高的大气中。在这个高度，二氧化硫和水蒸气结合形成硫酸液滴。黄色的液滴把太阳光反射回太空，地球因此变冷了一些。如果是热带（赤道附近）的火山喷发，这个效应尤其明显。因此，火山在气候系统中主要起负反馈作用。我说“主要”，是因为火山喷发还释放二氧化碳，导致全球变暖，起正反馈作用。不过人类活动排放的二氧化碳量是地球上所有火山排放量的100倍，所以火山的正反馈作用不是很强。从长远来看，与人类排放的温室气体的变暖效应相比，任何硫酸液滴的冷却作用都显得相形见绌。

气候变化中经典的正反馈系统是北极冰。这些冰对阳光的反射作用很强，当海冰融化后，下面低反射率的海水就会露出来。海冰融化越多，海洋吸收的热量越多，反过来，变热的海洋会融化更多的冰。在过去的40年中，北冰洋的海冰以每10年5%的速度减少（不要被那些报道北极海冰在某个月或某年恢复的报告愚弄了，长期趋势才是重要的）。在不久的将来，从事海运的人就能开辟出海员们叫了几个世纪的“西北航道”。将来船只就能全年都在无冰的海面上从加拿大东部航行到西伯利亚。航运公司和军方将货物和军火从欧洲运到欧亚时无须再避开浮冰，无须向南航行绕过非洲的好望角（Cape of Good Hope），也无须向西航行通过美洲的巴拿马地峡（Isthmus of Panama）。不过失去海冰是一件非常麻烦的事。没有这些冰，海洋会变暖，有些海洋生物会灭绝，远古至今一直没有变化的海洋环流也会改变，进而扰乱世界各地的天气规律。由于大气、冰和海洋之间的正反馈，所有已经开始的改变会发展得越来越快。由于气候的强迫和反馈，人类已经在改变海洋了，而海洋非常大，足以改变地球上的一切。

我回想当年把田纳西·厄尼·福特的“Sixteen Tons”播了一遍又一遍的情景。这首歌蕴含了一个信息，直到后来，我才体会到。挖煤是项繁重的劳动，让成千上万的挖煤工在过去几百年过着悲惨的生活，煤（还有天然气和石油）在无意间改变了地球的气候，形成的反馈回路使气候变化难以停下。大气中已经存在大量二氧化碳，它们将在未来的几千年持续存在，不断加热地球。

福特悲伤的单簧管和歌词揭示的严峻事实提醒着我们，我们已经走出了第一步。我们已经意识到了问题所在，明白了排放的碳对大气造成怎样的影响。现在我们需要限制碳排放，开发新的清洁能源和令人激动的技术。通过使用天然气，加大风能和太阳能在能源中的比重，我们已经取得了一些进步——只是一点。是时候停止采煤，充分开发空气和天空中的能源了。

现在我们已经很清楚我们要做什么了，接下来让我们仔细看看应该如何做。

6

热力学和你

不管我花多少时间整理书桌，杂物迟早还会到处都是。叠好的纸再次散落，信封（不管是小心拆开的还是匆忙撕开的）和信纸、回形针堆满书桌。不仅我的木质书桌出现上述情况，我的电脑桌面也是如此。我的电脑桌面上都是文件夹，文件的名字都很奇怪，格式也是各种各样：文档、图片、表格、未解压文件应有尽有。混乱总是存在，而且一直在蔓延。

我知道这是我的错，这些混乱都是我造成的，但好像存在某种高于我的自然力把工作台变得无序。确实，无序是一种自然倾向。描述无序的量叫作熵，理解熵是将世界变得更清洁、更有效的重要前提。

对于要应对气候变化的人来说，下面五六页讨论的内容太重要了。你可能会认为这些内容太复杂了，你现在根本就不想看它们。这我理解，如果真是这样，你可以略过。不过在你这样做之前，我情不自禁再次引用著名的天体物理学家——阿瑟·埃丁顿（Arthur Eddington）爵士的话来表达自己对这一切的热情。在下面的段落中，尽管埃丁顿引用了物理学中一些与我们的话题无关的发现，但我只想让你领略他的认真和智慧。在1927年的一次讲座中，他强调：

> 我认为热力学第二定律——熵总是增加的——在自然规律中占据着优势地位。如果有人向你指出，你钟爱的宇宙理论与麦克斯韦方程组不吻合，那么很可能是麦克斯韦方程出了差错；如果你的理论与实际观测矛盾，那也可能是实验员哪里弄错了；不过如果你的理论与热力学第二定律矛盾，那你一点赢的希望都没有。你的理论只能在热力学第二定律前谦卑地瓦解。

自然系统扩散和无序化的趋势在这个名字好听的定律——热力学第二定律中得到最纯粹的表达。它是指随着万物达到热平衡，热有耗散的倾向。我们都很熟悉机械做功产生热的道理。揉搓双手，手掌就会变热；把橡皮筋伸缩十几次后再用舌头舔一下，你会感到橡皮筋很热；车轮在马路上滚动后也会变热。在我们所做的所有事中，动能转化为热能。这是科学中的一个基本定理：能量可以从一种形式转化为另一种形式。食物中的化学能可以转化为生化能，供你爬陡峭的楼梯时使用。

基于热力学第二定律，永动机不可能存在。用大白话来说，物理学中没有免费的午餐。每个机器都在损失动能，产生热量，这是真正的阻力，因为几乎每一项现代科技都要（至少部分）依赖化石能源燃烧产生的热量才能运行。无所不在的第二定律限制了发动机和发电厂的发电效率，限制了人们为减少温室气体排放所做的所有努力。简而言之，对任何想要改善生活而不增加能源消耗的人来说，这是最根本的挑战。

让世界变得更好的战争是一场对抗热力学的战争。如果我们想要解决大问题，最好先了解我们的对手。热力学第二定律是不可阻挡的，所以我们也要变得不可阻挡。我们要理解热力学第二定律，时刻将其考虑在内，才能找到以更清洁、更绿色的方式使用和生产能源的技术。

这场战争早在火被发明时就开始了，不过直到詹姆斯·瓦特（James Watt）在工业革命之初发现如何应用能量，这场战争才激烈起来。1781年，经历了几年的修补匠生涯，瓦特发明了旋转式蒸汽机。把水烧开得到蒸汽，蒸汽可以驱动活塞在气缸中来回做功。如果把来回往复式的运动改成转圈，就能带动旋转轴。有了旋转轴，你就能运转各种机械，如泵、木材加工车床、缝纫机、纺织机。换句话说，工业革命围绕着纺纱机的旋转轴展开，几乎所有的机器都由热力驱动。热蒸汽驱动的发动机通过控制分子在加热和冷却时的无序性质，改革了制造业，发挥了热力学第二定律的优势。自工业革命之后，我们就一直走在这条道路上。

热难以驾驭和利用的原因在于机器本身。热机要控制分子的运动，而分子就像弹跳球一样运动。那个我们称为温度的变量是分子动能的度量。事实上，分子的平均动能是温度的现代定义。温度越高，分子运动得越快，如果不控制，分子就会扩散，就像空气会从没扎口的气球中跑出来一样。这也能解释为什么茶壶会发出响声：热蒸汽扩散，从茶壶中逃出，同时带走热量。热力学第二定律就是描述蒸汽等物质扩散的趋势。熵是衡量物质扩散的量，你也可以说熵描述了自然界这张大书桌无序的程度。熵是一个可以测量的物理量，类似于速度、距离或湿度。

扩散是运动的关键。如果热量不扩散，熵不增加，热量就无法做功，无法带动旋转轴或车轮，什么事都做不了，除非你愿意放弃系统的一部分能量，将其转化为热量。换句话说，你可以利用热力学第二定律做有用的事，但在这过程中要损失一些能量。无论你想要制造更高效的汽车，建造更好的发电站，还是以超高效的方法获取淡水，你都得牢记热力学第二定律。因为无论你多么聪明，热力学第二定律总是领先你一步。

如果你能把身体缩小到一个原子大小，你就能明白是怎么回事了。等等，为什么不呢？让我们把自己缩小，然后朝周围看看。在任何物质（无论是一个咖啡杯、一个棒球，还是一桶水）中，分子总是以不同速度在运动，有快有慢。我们测量温度，实际上是在测量分子的平均速度。这就是为什么一摊水会蒸发，尽管它的温度还不到沸点。有些分子运动得比较快，就能逃逸并变成水蒸气。当一些分子离开液体后，热能重新分配给剩下的分子，剩下的每个分子能得到更多能量，所以更多的分子蒸发了，直到这一摊水都蒸发为止。

我以水为例子是有原因的。世界上大多数的电——无论来自煤、石油、天然气，还是核能——都依赖沸水来带动涡轮发电机。水分子是美好的也是复杂的，它们总是倾向于黏在一起（你可以从一滴水的表面感受这种黏性，这也被称为表面张力）。液态水转化为水蒸气需要消耗大量能量。我们可以持续加热水分子，不过除非这些分子有别的地方可去，不然它们所做的功是非常有限的。

詹姆斯·瓦特和伟大的英国科学家威廉·汤姆森［William Thomson，后来被称为开尔文勋爵（Lord Kelvin）］找到了使蒸汽做更多功的办法，那就是调节蒸汽的温度和蒸汽从发动机中排出时的环境温度。

他们的一个见解是，至少在热力学上，没有所谓的“冷”，只有热量的缺乏。哦，我喜欢这个古老的笑话：“热水瓶能将热的东西保温，将冷的东西保冷——它是怎么做到的？”好吧，没有冷，如果也没有热量，会怎么样？这不可能。把气球放到冰箱的冷藏柜里，它会收缩；把它放到冷冻层，它又缩小了一些。事实证明，存在一个容易计算的理论温度，气球在这个温度会收缩到最小，它就是绝对零度。当温度到达绝对零度时，你就可以计算熵。在公制中，绝对温度以开尔文（K）为单位，开尔文和摄氏度（℃）一样，只从绝对零度开始测量，0℃=273.1K。此外，还有华氏当量（℉），0℉=459.7°R。威廉·兰金（William Rankine）是一名成功的苏格兰工程师和热力学工程师。在学校时以及刚工作的前5年，我一直在用兰金度，但公制单位更简单一些。

另一名研究者——法国的工程师、数学家尼古拉·萨迪·卡诺（Nicolas Sadi Carnot）经过仔细思考后，以一个简单的数学公式表示热机效率。不要惊慌，它真的很简单：

热机效率=1-（低温工作温度/高温工作温度）

这个公式传达的信息其实很简单：蒸汽机（或动力发电机、汽车发动机等）的最高工作温度和最低工作温度控制着热机效率。

温差越大，热机效率越高。普通的汽车在1,000摄氏度（1273开尔文）的平均温度下燃烧汽油。在凉爽的一天，室外温度大概是10摄氏度（283开尔文）。把这些数字代入方程，你就知道汽车的理论效率最多能达到77%。

该死，汽油中23%的能量损失了，这还是假设其他一切都很完美的乐观估计。如果轮胎的滚动阻力为0，曲轴完全不需要润滑油，车无声地滑过空气，没有受到任何气动阻力，汽车的效率就能达到77%，即3/4汽油能量。不过在实际情况中，汽车在有阻力的情况下行驶，效率只能达到28%；火电厂的效率大概为32%。剩余的热能跑到空气中，最终耗散，永远地离开我们。这非常令人沮丧，不过这就是自然。

顺便说一下，发动机和气候还有另一个联系。气象学家和气候学家经常把台风比作一架巨大的热机。随着气候变化，海表面变暖，海洋和大气之间的温差也变大，这个巨大的大气旋转系统的卡诺效率（Carnot efficiency，即热机效率）也随之提高，气旋风暴会越来越强。这就是为什么许多研究者会预测如果世界变暖，风暴会更强。现在再回到我们的常规旋转装置上来。

一旦你能从旋转轴中得到机械能，你就能发电了。恭喜！不过总是有一部分能量损失。工程师一直在寻求以更少能量做更多功的方法，当然前提是遵循热力学第二定律。熵增加，分子能量会趋于扩散；书桌越来越凌乱，你什么也得不到。

煤和核聚变产生的热量烧开水，从而产生蒸汽推动发电机，这就是今天大多数电的产生过程。如果想以更少资源做更多事，我们只有两个选择：榨干热机的所有潜力，或者完全抛弃热发电技术。

不，等一下，还有第三种很疯狂但又不是完全不可想象的方法，最近许多科学家和工程师已经开始讨论这种方法了。制约我们机器的热力学定律同样支配着地球。和蒸汽机一样，地球的热量也是持续扩散的，同时温室效应阻挡地球的热量向外太空扩散。随着大气中的二氧化碳越来越多，温室效应越来越强，我们的星球趋于与外太空达到平衡。平衡温度大约为–15摄氏度，远低于地球的表面温度。

如果我们改变平衡，会产生什么结果呢？如果我们利用热力学第二定律帮助我们的星球更有效地阻挡热量扩散呢？那样的话，我们或许可以马上修复整个星球，而不用调整我们的能源科技。正如我说过的，这听上去很疯狂，不过这是否是可行的疯狂呢？继续读下去。

7

用气泡对抗全球变暖

有些晚上，当我从奈实验室（我在加州的房子）的前门走出时，我可以看到新月和地球在天空中的投影。虽然我也想吹嘘自己的视力超乎常人，不过这其实是一件很普通的事。你可能也看到过，只是当时没有意识到自己在看什么。太阳光有可能被月球反射进入你的眼睛，也可能被地球反射到月球，再被月球反射进入你的眼睛，这个效应在新月时特别明显。新月时，如果你站在月球表面，就能看到整个地球，而且地球特别明亮。因此，当你在地球上，就能看到月亮的整个轮廓。新月在阳光中闪耀，月亮的夜面被地照点亮。

这就是所谓的“新月抱残月”，美极了。也许它能启发我们重建地球，从而避免全球变暖。这是一个极具争议的话题——地球工程。

最近冒出许多地球工程的想法，其中最吸引人的是直接改变地照的想法。地照的亮度取决于行星的反射率，也就是入射太阳光有多少被反射回外太空。反射率（albedo）这个词来自拉丁文“albus”，意思是白（就像煎鸡蛋的蛋白）。测量反射率的方法有许多，地球的反射率大概为0.3，也就是说在入射地球的太阳光中，30%会被反射回外太空。相比之下，月球的反射率只有0.12。地球比月球的反射能力更强，是因为地球上有云和冰。

在寻常的一天，从太空往下看，地球的任何一面都有70%的面积被云遮住。蓬松的白色积云和新雪一样，反射率极高，大约达到75%。这么强的反射会导致大麻烦，我们称之为雪盲，所以滑雪的人都要戴护目镜，涂上防晒霜。黑压压的层云的反射率略低，大约为45%；南北极的冰的反射率高达60%。大约5/8地球表面被反射率为75%的云覆盖，其他一些地方被白色的冰覆盖，所以地球整体反射了大约30%太阳光，吸收了70%太阳光。这些计算结果和我们在上一段直接给出的结论一致。

地球的海洋黑暗得令人惊讶，海水只反射了10%太阳光。因此，反射率高达60%的冰盖对我们的气候有很大的作用，能将太阳能反射回太空。当全球变暖时，这些冰会融化（尤其在北极），地球的整体反射率就会下降。这将导致地球反射的阳光减少，更多热量被地球吸收，地球变暖，这是我们在前面章节提过的正反馈回路。地球变得越来越暖。反射率、反射、吸收、再辐射，这些概念构成了我们行星的能量平衡体系。

如果我们可以控制地球的反射率，会出现什么结果呢？如果我们可以抵消融化的冰和变暖的大气的效应呢？在工业世界，大部分陆地都被屋顶覆盖，所以第一件毫不费力就可以做到的事情是把每栋楼的屋顶刷成白色或接近白色。我并不是说要重新粉刷教堂和经典建筑。当我们新建房屋或者改建老房子的屋顶（尤其是工厂和仓库）时，可以这么做。这可不是一个小改变。如果在全美推行这个计划，2%美国国土的反射率会大大提高；如果全世界都这么做，那影响就更大了。

我的朋友啊，如果你们中的一些人可以造出"白色路面"，就能改变世界。我不是指传统的水泥，那太贵了，而且市政当局必须花大力气重新修建钢筋混凝土路，我指的是沥青的替代物。黑色路面停车场的反射率小于10%，而白色路面停车场的反射率高达70%。如果这样做，停车场就不会再酷热难耐，城市以及整个世界都会变得凉爽一些。这可不是个容易解决的问题，路还很远，但对化学公司来说，这个想法是一个巨大的机遇。

改造路面的想法很棒，或可能很棒，但我还有一个更大的想法。几年前在谷歌公司的会议上，物理学家罗素·塞茨（Russell Seitz）想出了一个能提高整个行星反射率的聪明办法：在海水和池塘表面吹出大泡泡，从而提高世界的反射率。塞茨的想法是受前几年科学家分析地球观测卫星数据时发现的现象所启发。当台风经过海洋时，大量空气混入海水中。当液体中产生气泡时，我们会得到水溶胶（你肯定听过另一个相对的概念——气溶胶，它是指气体中的液体）。在海洋和湖水中，气体以水溶胶的形式溶解在水里，这就是鱼呼吸的空气。不过我们关心的是，水溶胶的反射率大于不包含空气的水的反射率。

如果你很强壮，曾经在汹涌的河水中游泳，你大概见过这种现象，我们叫它白水。水中的气泡形成许多表面，可以反射大量阳光。下次你潜水或浮在泳池表面时，观察一下你下面的人产生的气泡，会发现气泡的表面如同抛光的银。风暴扫过海面时，也会产生同样的现象：海洋中到处都是白色的气泡。由于那些闪耀的气泡——风暴之后的水溶胶现象是由水下气泡的反射表面产生的，这种现象被称为水下光（under shine）。我猜水表面直接反射的光被称为水上光（above shine）或者光（shine）……

所以塞茨的想法是在水中人为制造气泡，以提高水的反射率。这个方法的关键之处是在空气和海水混合的水溶胶中，特定尺寸的气泡能够保持非常长的时间。海水中溶解的矿物质、盐分使海水的黏稠度高于纯水。如果你曾在海里游泳，当你用淡水冲洗时，便会有这种感觉。正如房间里的微尘可以飘浮几个小时甚至几天，直径几微米（1/1000毫米）的微型空气泡也可以在海上漂浮一个星期甚至更长时间。微尘悬浮是由于空气的黏稠度，任何小涡旋或电流都能把微尘托起。水中的气泡总是向上浮的，不过如果水溶胶气泡足够小，水的黏稠性可以把气泡留在水中。

塞茨提出在水中制造气泡，不是为了养水生植物，也不是为了给鱼缸中的鱼供氧，而是为了反射太阳光。我非常确定我们应该先在水库中进行小规模试验。洛杉矶周围的小水库是进行试验的好地方。不过往大的方向考虑，胡佛水坝（Hoover Dam）拦住的米德湖（Mead Lake）每年蒸发10亿立方米水，如果气泡可以减少一些水蒸发，南加州的干旱将会得到缓解。同时，气泡还能把一部分太阳光从我们星球反射出去。

我们可以利用胡佛水坝产生的一部分电来驱动工业级的气泡泵，产生微气泡水溶胶，就像按摩浴缸的喷嘴在压力下会产生一些带气泡的水流一样。我们甚至可以加一些表面活性剂，使水变“厚”，从而使气泡保持更长时间。这种活性剂类似可生物降解的肥皂，如果这种活性剂含有适量的有机滑石化合物，甚至还能滋养大坝下游生态系统中的微生物。

让我们把水库的问题先放在一边。许多火电厂都建有冷却池。有些冷却池非常大，以至于你从太空拍摄的照片中可以看到，有些则比较小，不易发现。根据热力学第二定律，热量在开放的大池子中会消散。如果火电厂利用部分能量在冷却池表面产生气泡会如何？这将在不影响任何自然生态系统的前提下反射大量太阳光。这个工程分析值得做，特别是以后我们可以给火电站提供税率优惠或者分红，以嘉奖他们保留冷却池的水，使地球的反射率提升至比以往更高的水平。

在我写这本书时，洛杉矶把9,600万只“阴影球”漂浮在水库表面，防止水蒸发。这是另一个保证蓄水是液态的方法。塑料球大大减少了水库暴露在太阳底下的面积，既能防止水蒸发，又能保证含氯消毒剂不被阳光分解，而且它们是可回收利用的。不幸的是，在这里的讨论中，它们是黑色的，目的是防止阳光通过。因此塑料球可以解决蒸发问题，但不能降低反射率，不过这也足够了，而且这一方案很便宜。

说到费用，如果用气泡反射太阳光的方法被证明是有效的，它还得便宜才行。因此，有人提出了用老式的方法制造气泡。19世纪早期的一个冬天，查尔斯·泰勒（Charles H. Taylor）在加拿大蒙特利尔的渥太华河（Ottawa River）上发现了这一方法。当水流过大坝时，河水中夹带着冰，冰下有小气泡形成。泰勒是加拿大的一名工程师，当时正在当地的河流附近溜达（我猜他一定像加拿大流行的那样，裹得非常严实）。他在报告中提到，当他戳破那些气泡时，里面会跑出压缩气体，这是因为水流的压力在恰当的条件下，可以在冰冷的白水中形成压缩气泡。泰勒发明了一套神奇的装置，在安大略省科博尔特镇（Cobalt）的蒙特利尔河（Montreal River）上免费制造压缩空气。

科博尔特镇上有一处陡峭险滩，当地人称为“恶作剧之峡”（Ragged Chutes）。泰勒设计了一组互相嵌套的漏斗来收集水和空气。水和大量被卷入的空气直接从104米的高处冲下，到达一间大地下室。这间地下室位于恶作剧之峡的下游。从地下室流出的水再经过小心放置的水管，回到河流的下游。地下室中有个池子，这套系统可以产生860千帕压缩空气。另外，尽管这套装置安装在水池上，但它产生的空气还是干燥的。你知道的，加拿大的河水很冷，有些水汽在压缩时就已经凝结了。科博尔特镇位于加拿大的一片大型矿区中，于是泰勒将压缩空气卖给附近的几家采矿公司。压缩空气很容易地在常规的老式水管中输送。采矿工人可以利用压缩空气驱动冲击钻、高压泵和其他机器。这真是太妙了。

利用流水的落差和管道产生压缩空气的装置被称为水风筒（trompe）。几百年来，人们利用这种装置为炼钢厂提供压缩空气，用于提纯或冶炼铁矿石。如果大坝装有水风筒，那么我们就能利用它产生水溶胶气泡，防止干燥地区的水库蒸发。记住，制造压缩空气的能量不是免费的。我们可以结合水的地势落差和大坝自己生产的能量来制造压缩空气，我们要在电的价值和淡水价值之间做出取舍。两者我们都需要，这也是我们建造大坝的初衷。储蓄淡水同样需要消耗能量，尤其是我们用管道输送水或者从海水中提取淡水时。从能源角度考虑，往水库中加气泡可能是一种正确的做法。

我最初听到用微小水溶胶气泡来防止水蒸发的方法时，觉得这种方法有点怪——有些违背直觉。不过我发现在温暖气候带（如美国西部和中东地区）的每个水库都安装这样一套系统并不困难。这个想法非常疯狂，不过说不定就是可行的，也许下一代人会对水库中的气泡习以为常。人们还没有实行这套方案的原因是，在气候变化和人口剧增的问题凸显之前，我们的大坝还能储存足够的水满足人类所需。

往世界上所有水库添加气泡是一项大工程，不过这和塞茨脑子里的真正构想比起来还是小巫见大巫。塞茨要在整个地球海洋表面或者其中一些海洋加上气泡。和其他大部分地球工程的想法一样，塞茨的想法乍听起来很疯狂。我想到了美国西部的水电站，米德湖的水完全由上游的美国陆军工程兵部队（U.S. Army Corps of Engineers）控制。他们将800千米外的鲍威尔湖（Lake Powell）的水调过来了，鲍威尔湖位于葛兰峡谷大坝（Glen Canyon Dam）后面。人类已经开始大规模改造星球了。

当我朝这个方向想后，我和塞茨的对话就更有意义了。从更大的角度来看，改变整个星球反射率的想法听上去不那么疯狂了。下面是具体的实施方案。如果我们把那些制造水溶胶的船派往北极海冰附近，会怎么样？气泡能反射太阳光，冷却冰周围的水，阻止冰盖消融。反过来，这些被拯救的冰盖将更多太阳光反射回太空，进一步减缓气候变化。

现在让我们想想实际能制造多大面积的水溶胶。假如我们把气泡制造机放在每天在全球海洋上航行的4万艘巨大货船上，不管这些货船出于义务还是在关税优惠的吸引下为我们制造气泡，船反正都在海上了。据我的粗略计算，这些船可以影响1,000平方千米的海洋。尽管这只是阳光照射地球面积的1/10,000，但比完全没有强无穷多倍。总的来说，这涉及1,730亿瓦特。这项工程将起到很好的效果，毕竟，在过去的几百年中，地球上的每个行业都制造了气候问题。我们为减缓气候变化所做的所有工作是为了大家都好，尤其在经济上。如果在计算中包括碳减排信用（carbon-reduction credits），这肯定是个很酷的主意。

对于我们改变地球整体反射率的行为，海洋生态系统应该还能承受。这项工程把大气中的气体（特别是氧气）混进水中，这有利于生物在公海中的生存。微小的气泡不仅可以减缓全球变暖，还可以让海洋变得更健康。

谁为船只和气泡付钱呢？船只本身排放的二氧化碳会不会完全抵消这个想法达到的降温效应？冰盖上有许多冰，冰盖附近的海冰有没有用？我希望我们所有人都能参与到寻找这些问题答案的行动中来。我们需要想出疯狂的主意，我们需要做测试。在对那些脱离现实的想法持开放态度的同时，我们还应该考虑其他地球工程。坦率地说，我认为上述想法没有一个是可行的，当然也许我还没有完全了解那些想法，但一些聪明的人还在讨论那些想法，也就是说至少它们值得仔细考虑。

绿色植物从大气中吸收二氧化碳，利用碳产生更多植物。许多人认为形成根、茎、叶的化学物质来自土壤，其实大部分化学物质来自大气。一棵树就是一根碳柱，森林就是碳柱的集合。很自然的，有人认为如果我们栽种更多树木，创造森林，它们就能帮助我们吸收大气中的二氧化碳。

如果种植合适的树种，碳会被去除或封存数百年，直到树木死亡和腐烂。届时，人们就有时间来解决气候变化的争端问题。然而，目前我们还不清楚地球大面积造林能否有效地降低大气中的二氧化碳含量。因此，研究人员提出用树脂涂覆人造树，通过化学方法日夜不停地去除空气中的二氧化碳。它们可以粘贴在棍棒上，树脂过滤器必须用水冲洗，碳冲洗液要设置在某处。在我写这本书时，这种系统每去除一吨二氧化碳要花费600美元。这超出了成本的预算，但随着我们的环境变得越来越令人绝望，这或许看上去就不会那么不合理了。另外，植树造林是件好事，虽然树不是万能的，但能去除二氧化碳、遮阴、孕育生物多样性和增添美丽，树木能帮助我们脱离困境。

还有一种想法是在海洋中种植更多绿色生物。以前我家有一块草坪，我注意到，施铁肥真的能给草地带来生机。如果你曾经“吃威士忌”，那么你摄入了一些铁。试一试，把富含铁的麦片放入一瓶装有磁铁的水中，摇晃一下，你就会看到铁屑——一些小铁块粘在磁铁上，很神奇。铁对海洋植物和陆域植物同样发挥作用。我们呼吸的一大半氧气由海洋浅层几米内的浮游植物产生，它们代谢二氧化碳并产生氧气。因此，有人建议我们通过施肥来增强它们的活动，把大量铁粉撒在海面上，让浮游生物获得生机，就像为草坪施肥一样。然而，人们普遍认为，这种想法是行不通的——你可能会把海洋变成绿藻层。最主要的原因是，铁能够加快植物的生长速度，但无法去除二氧化碳。加入铁，植物代谢二氧化碳的速度会加快，但是一旦它们死亡，细菌分解会使碳重返空气中。

还有另一种地球工程想法：我们可以在遗传上改变庄稼的基因，使庄稼的颜色变浅。现在小麦的反射率为10%，如果能提高至20%，大规模种植小麦说不定可以稍微提高地球的反射率。生物科技专家可以接受这种想法，但这是一个艰巨的任务。只有种植许多高反射率的农作物，才能达到显著的效果，而且休耕地的反射率与海洋的放射率相当，所以人类能从中受益多少是个未知数，不过这仍然是个值得探索的想法。记住，农田是循环利用的，每年都需要重新种植，所以这种提高反射率的方法非常依赖于庄稼的种类和时节。从直觉上来看，广泛栽种已经存在的树种，打造能吸收碳的森林并使其无限生长的主意更简单可行。

另一个建议是微气泡主意的另一版本，只不过这次是提高大气本身的反射率。这个想法是派出许多带有巨大烟囱的船只绕全球海洋巡航。船上要安装巨型泵和风扇，它们可以吸进海水，然后把其中的海盐撒向天空。在天空中，海盐有助于云的形成，也能使已成形的云变得更厚，从而将更多太阳光反射回太空。卫星观测发现，大型船只的大烟囱上空经常会形成反射率较强的云，于是一些研究人员想到了这种方法。不过它存在一些问题。首先，云不仅向上反射热量，还向下反射热量，海盐催生的云的降温效应是否能达到预期还不清楚。事实上，这些云的净效应是否为降温还是个问题。第二个问题是关于尺度的。即便是巨大的船只，与海洋相比，它们仍然很渺小。最有说服力的场景是华盛顿州（我最喜欢的州）的大古力水坝（Grand Coulee Dam）的激光秀。他们把一架飞机按1∶1的比例投影到水坝上，那投影只占整个大坝右下角很小的一点地方。一艘船的投影在大海面前只像个侏儒。我想说的是，和大气层相比，一艘大船算不上什么。我不确定人类能否建造足够多的船，移动足够多的海水来产生全球性影响。同样地，微气泡的主意也可能只在水库、池塘的尺度上可行。不过，我感觉这两个方案还是值得我们做更进一步的研究。

在地球工程领域，最吸引人（至少吸引媒体的关注）的想法是在太阳光抵达地球之前把部分光反射回太空。第一步是把太空船送到高空上，然后喷洒硫酸盐气溶胶，硫酸盐能形成硫酸和硫化氢。在高空中，这种物质的颗粒或者液滴可以反射太阳光。我们知道这些是因为每次火山喷发，都有大量硫酸盐被喷入大气中，人们也做了一些研究。这个想法初看上去很有道理，不过还是存在问题，你要把多少硫酸盐运到高空？频率是多少？这项工程对地球的影响和热带火山喷发产生的效应一样吗？一旦我们开始这项工程，就很难停下了。我们必须派出无数飞机，喷洒气溶胶。这种想法在纸上或者电脑上看起来很不错，不过当你仔细想想实现它需要付出多少、频率是多少，它看上去就不可行了。不过，正如我经常说的，我对各种想法都持开放态度。

既然说到把太阳光反射回太空，那在太阳光到达地球之前就挡住一些怎么样？太空界的一些同事提议我们向太空发射巨大的“遮阳伞”。我们被冷却地球的迫切需求蒙蔽了双眼。在你从椅子上跳起来喊“就是这个办法”之前，你必须明白把不怎么重的东西送上近地轨道已经是一件非常麻烦的事，把更大更重的“遮阳伞”送到更高的地方更不是一件简单的事情。另外，在“遮阳伞”运行的轨道上已经有几千个商业卫星和政府卫星了，要避开它们，这些“遮阳伞”必须升到比卫星轨道更高的地方。在那里，它们才能更快地绕太阳转动。为了使其位置相对固定，它们还必须配备太阳帆或火箭引擎。“遮阳伞”必须分散开，确保地球不会有一些地方被挡住太多太阳光。另外，发射这么多火箭也会产生新的污染。这个想法立刻变得复杂起来。

上述的每个想法都需要仔细的分析，因为每个看上去都有问题。我是一名工程师，非常想用工程办法解决我们制造的气候剧变问题。然而，我越仔细审视每一个方案，越觉得没有一个会是最终答案。所以我回到最初的想法：重新改造技术和能源。我们真正能控制的只有这个，而不是在整个星球上实现某种工程。我们排放碳本来也不是故意的，却把地球弄得一团糟。我们必须学会克服热力学第二定律，找到不用碳制造能源的全新方法。

8

电子如何为你我工作

假设你是太空人（我觉得有些人真的是，特别是某些政客），你总是在地球和太空中的其他星球之间旅行。在过去的10万年间，地球看上去变化不大，但今天——距离你上次访问地球尽管只有100年，地球的样貌已经变得大为不同，它看上去像着了火一样，那是地球表面世界各地的灯光。地球人现在已经学会用电发光了，这项发明改变了世界。

看看你的周围吧，你坐着或站着的地方有多少是依赖电的？绝大部分都是。即使灯没有亮着，你也没开着电暖或空调，电锯和电磨机仍在制造着每一件你看到的东西。你用电动洗衣机清洗衣服，而衣服几乎由电动织布机制成；大多数衣服上的纤维和染料都是通过化学手段制造或修饰而成的，也需要用到电；食物加工需要电；食物的冷藏保鲜也要用电。所有这些技术早在过去的

100年中就已经出现。

如果你仔细想想就会发现，没有充足的电能，我们的生活水平是不可能维持的。我们没有什么正当理由去拒绝还没能用上便利电器或才刚刚开始用上它们的那数十亿人。遍布全球的光应该照亮世界每个角落的人。我们必须前进，提升对电的掌控能力。为此，我们真的需要了解从墙上插座神奇般流出的电。只有这样，我们才能找到去除碳而又不熄灭地球上的灯的办法。

首先，最重要的是要了解我们每次打开电器需要消耗多少能量，不管是启动汽车、打开电脑，还是运营占地16个街区的造纸厂。我在孩提时非常沉迷于能量，也喜欢自行车。我当时想出一个利用自行车驱动吸尘器的主意。虽然这听上去不算一个坏主意，但它要消耗大量的踏板动力，这比实际中能收集的动力高得多，即便你和我一样，是奥运会级别的自行车选手。把骑自行车6小时的能量全部储存在电池中，它们也只能维持吸尘器运行10分钟而已。这个例子告诉我们，我们多么依赖稳定充足的电能。

电本身是非常迷人的。如果知道电由移动的电子组成，你就入门了，不过你还得知道更多。事实上，电是移动的能量场——宇宙的纯粹能量，而且这个能量场以光速前进。从某种程度上来说，当你真正了解电是什么时，你会觉得它更神奇。当你用电照亮房间、运转搅拌机、烤面包、烘干或烫卷头发、启动汽车或打开电脑显示器时，你会知道我们不是为了拥有电本身而发电，我们利用电能产生其他形式的能量，比如光、动能或热量。

每次你打开电器的开关时，你都应该感激杰出的英国科学家——迈克尔·法拉第（Michael Faraday）。他对电和磁展开了相当多的早期研究。经过几年的实验，他完善了下面的装置：在一张2米长的实验桌上，法拉第准备了由两段平行导线连接的两个线圈，它们就好像玩具火车轨道两端的一段隧道。在其中的一个线圈中，法拉第把一枚小磁针放在一块木板上，然后再将一块条形磁铁在另一端的线圈中穿进穿出，结果小磁针竟然动了。

法拉第以及其他几位与他同时代的科学家都知道，电流穿过导线时会产生磁场，这个磁场可以影响磁针。其他人也注意到了这一点，但和其他人不同的是，法拉第还注意到了一个关键现象：这个效应反过来也成立，在导线附近移动磁铁也可以产生电流。法拉第观察到这个现象，并描述了这个关键概念。只有磁铁还不够，它必须是一块移动的磁铁，即移动的磁场。法拉第把磁铁在线圈中穿进穿出，相当于同时在许多根导线旁移动磁铁，从而产生了移动的电场。你每天触摸到和见到的所有东西几乎都要归功于这项发现，因为这就是我们发电所采用的方法。法拉第发明了发电机。外星人（或它们的飞船）路过地球时会注意到，这项发明完全改变了整个世界。

只要一块磁铁和一组线圈，你就可以获得一小股电流和不大的磁场，不过怎么才能得到持续的磁场呢？和往常一样，当你想要寻找解决方案时，不断尝试就行了。旋转磁铁或者在磁体之间旋转线圈就能发电，汽车上的发动机就是一个大多数人比较熟悉的例子。转动的发动机就像在磁场中旋转的导线，可以给车的前照灯、广播供电。每辆汽车都是小型发电机，每个发电厂都是大型发电机。人类烧那么多污染严重的煤就是为了产生热量、烧水、转动发电机、移动磁场、发电。这一系列的联系把现代技术直接与碳及气候变化联系起来。

电引起了1837年登基的维多利亚女王（Queen Victoria）的注

意。后来她为英国的城市引进了电。英国的电力供应如此之多，达到了谚语所说的“日不落帝国”。当我回想这段故事时，不禁想知道我们这代人还会有什么发现呢。电磁学、引力、或强或弱的原子力还有什么不为人知的大秘密？希格斯·博松（Higgs Boson）的发现会改变人类历史吗？能量转化方面又会有什么改变世界的新发现呢？

经过几年的实验，维尔纳·西门子（Werner Siemens，那家知名跨国公司的创始人）找到了使导线在磁场中旋转的方法，并在旋转的导线中发现或感应电的存在。这套装置一旦启动，旋转导线的能量就可以激发磁场。装置越大，制造的磁场就越大，与线圈接触的导线接出的电流也越大，这是能量转化的最佳方式。发电机转动所需的能量来自蒸汽机的热能、落水的势能差及大坝的涡轮、核聚变热量产生的蒸汽，或者自行车骑手早餐中的化学能。

我们在日常生活中经常谈到电流，它就像水一样。这是一个很好的比喻。电像水，导线就像后院的水管，这其中隐藏着又一个让世界变得更清洁更高效的方法。我们假设后院水管的一端有一个关闭的喷嘴，当你打开房子（或学校、办公室）墙上的水闸时，水管变硬了，那是压力作用的结果。水被水泵或者不远处的水塔巧妙地送到你家。压力越大，水管越硬、越膨胀。不管是金鱼缸泵上的吸水管，还是像大腿一样粗的消防水管，这一原理都同样适用：压力越大，水管越硬。

在给定时间内（比如一分钟），水管的出水量是一定的。正如你能想象的，出水量越大，所需的压力和能量就越大。如果我们想把一桶水从井里泵上很高很高的水塔，那就需要消耗能量。力必须在水塔底部和顶部的水管开口之间做功。你如果想更快把这桶水泵上去，就必须在一定时间内提供更多能量，科学家称这个能量为功率。功率是单位时间内耗费的能量，而所需能量则是力与距离的乘积。这些定义看上去很简单，不过它们描述的是重要且有意义的物理量。

你也可以这样理解功率：假设你家到超市的路是完全平整的，你仍然要在一段距离上施加力来克服遇到的阻力。如果你开一辆安装了小发动机的车，你可以在短时间内来回；现在如果你换一台大发动机，那么你跑一趟来回的时间会变短，因为能量传输更快。实际上，你可以说第二辆车的功率更大。功率以“瓦特”来度量，这是为了纪念发动机的发明者——詹姆斯·瓦特。

现在让我们回到水管和导线之间的联系（小心，不要吓到了）。在低压下，水管里水的流动不如高压下顺畅，电流也一样。电学上有一个与水压类似的术语，名叫电压。电压的单位是伏特，这是为了纪念意大利科学家亚历山德罗·伏特（Alessandro Volta）对电学的巨大贡献。伏特还发明了电池。我们甚至无法想象没有电池的世界，更别说生活在这样的世界里。想想你的手机、汽车发动机、钟表、手电筒和需要电池的玩具，没有电池，它们都不能用了，这令人无法想象。

拿起一小块电池，就是手电筒或者小广播收音机使用的那种，你握住电池的两端，除了金属的冰凉感之外，没什么其他感受。不过如果用导线接通两端，你会触电，产生这种差别的原因在于电压。伴随着水压，水管中出现水流——水通过水管的速度。正如水在河中流，我们说电在导线中流。河中的水越汹涌，水流就越大。

一般来说，水管直径越大，水管输送的水越多。另外，水管的水压越大，水流的速度越快。安德烈-马里·安培（André-Marie Ampère）研究和量化了电流的流动。安培一生中有许多奇思妙想，其中一个是他认为电流是流动的电子，并预言将来人们会发现电子，所以我们以安培为单位来测量电流，以纪念安培的贡献。1安培电流意味着每秒有6,241,509,750,000,000,000个电子一起移动。每天都有无数个电子在为你工作，我希望这让你觉得……自己很强。

总结一下我们在上面学到的知识：电压的单位是伏特，电流的单位是安培，功率的单位是瓦特。瓦特乘以时间等于总能量，这也是电费账单以“瓦时”（或千瓦时）来表示用电量的原因。

由于伏特和安培描述的功率与压力和流量描述的功率相同，我们可以借用电学中的概念来计算非电学领域中的功率。例如，我们可以测量大坝或风的压力、潮汐的水流，然后计算它们的功率。我们可以把这些能量转换成电能。如果我们可以找到不燃烧化石燃料的方法——我是指不依赖蒸汽机或者汽车发动机提供的压力——我们将能为数十亿人创造更好的世界。

9

和天然气说再见

虽然煤和天然气的燃烧推动了发达国家的交通运输、农业和信息技术的发展，地球却被盖上一层像薄毯一样的气体，这让人很不舒服。尽管人类并不是故意的，我们必须尽快摆脱对化石能源的依赖。煤是最大的问题。在我们从煤中提取热量的同时，燃烧煤不仅排放二氧化碳，还排放各种重金属和活跃的化学物质。因此，在能获得充足的安全能源之前，全球都提倡用天然气代替煤炭。

毕竟，发达国家在减少对煤炭依赖性上前进的步子实在太小了。许多人也认为，发达世界没有权利反对甚至禁止发展中国家的人们使用化石燃料来获得同样的生活水平。讽刺的是，不管出于什么理由，如果我们继续使用化石燃料，我们其实是在给几百万甚至几十亿人判死缓。因此，我们的目标是在不使用或不滥用化石能源的前提下，将几十亿发展中国家人们的生活水平提升至高于发达国家的水平。

由于天然气的燃烧比煤炭更清洁，有人建议把天然气作为“桥梁”燃料，使人类由煤炭经济过渡到甲烷（天然气）经济再到可再生能源经济。表面上看，天然气过渡很容易实现，不过它充其量也只是一个非常非常短期的选择。最终，我们必须停止燃烧天然气，将其留在地下。

在我写这本书时，美国已经成为世界上开采天然气最多的国家。即使甲烷比其他化石能源清洁，它仍然是一种逸散性气体①，会对全球气候变化产生巨大影响。在一定程度上，天然气的大量使用和逃逸气体的大量泄漏是开采技术改进的结果，尤其是能压裂油气井底部的水力压裂技术。几年前，压裂技术看上去是一剂灵丹妙药，不过现实并不是那么美好。

下面我介绍一点历史背景。我亲爱的叔叔巴德（Bud）是一名地质学家。他在美国陆军工程兵部队服役了几年后，成为一名炸药推销员，他职业生涯的大部分时间都花在把东西炸上天。即便我很客观，我发现他真的爱干这行。他总是戴着一顶浅顶草帽——弗兰克·西纳特拉（Frank Sinatra）②在职业生涯后期戴的那种。巴德总是说：“如果你认为塑料硬壳帽可以在爆炸现场帮到你，那你想得太天真了。”

巴德叔叔是一个喜欢讲故事，也是一个擅于讲故事的人，而且他显然时不时去做压裂油井的活。我有一个工业“油井爆破筒”，它是一根直径6厘米、长1.33米的钢管，顶部焊有一个粗糙

---

① 不经过管道而直接排放进入大气。——译者注

② 美国歌手、影视演员、主持人。——译者注

的漏斗，漏斗上有一捆线柄，就像一个微型水桶。我在爆炸手册上看到如何将这些金属管装满黄色炸药，下放至油井或气井的底部。一旦到达底部，炸药被电引爆，井底的岩石就会破碎或产生裂缝（沿着油井爆破筒）。我叔叔说现在他会把冷硝酸甘油倒入油井爆破筒中，然后爆破筒把全部硝酸甘油滴进敞开的油井管道中。我不确定叔叔是不是在吹牛，不过油井爆破筒顶部确实有个漏斗，它的存在肯定是有原因的。

巴德叔叔和他的孩子在印第安纳州的农场住过一段时间。我的表哥汤姆（Tom）曾说我叔叔用滑套式炸药助推器（slip on Boosters for dynamite stick）把邻居的水井压裂了。巴德叔叔跟邻居保证助推器能奏效，如果不管用，邻居可以把水井带到锯木厂，让那里的人帮忙切掉。当然，这是个玩笑，压裂奏效了。水井在之后的几十年产生了充足的水，满足人们长时间的淋浴所需。

先不提那个故事。一般来说，井底经历爆炸以后，裂开的岩石会产生更多的油和气。正如井本身是垂直钻探的，压裂也是垂直的，就发生在钻井人员脚下。不管是以前还是现在，爆破都是一项危险的工作，这大概就是我叔叔和他的整个家庭在过去和现在都为其吸引的原因。只有当井停止生产时，井的拥有者才会想到爆破。一般来说，压裂不会也无法使天然气泄漏到几千米之外的邻居家的水源中。

不过相比以前，现在的压裂技术已经发展到极其强大的地步。在我叔叔还没有退休时，垂直向下是钻井以及压裂的唯一方向，但是现在，旋转锯齿形钻头在钻井时可以改变方向——在几百米内偏转30度。经过几个狗腿度后，钻头可以呈水平方向钻井。钻井人员把一种液体注入岩石的缝隙中（这就是水力压裂）。一旦炸弹引爆，巨大的震动导致岩石松动，它的威力比以前引爆气体产生的压力要强多了。

也许你带过不安分的小孩去三明治店，这个男孩或女孩（面对现实吧，几乎总是男孩）开始玩了起来，先把吸管径直插入三明治，再通过吸气把三明治吸入嘴中。每吸一次，都能吃到一点熏牛肉或奶酪，其他食材都有可能，但是如果他从侧面水平插入吸管，每次就只能吸到奶酪和肉，这就是现代水平井压裂的理念。

由于水平井压裂技术，美国最近成为世界天然气产量领先者，但这也导致一些立法者认为必须立即停止这项活动。在我现在不定期居住的纽约州，政府禁止压裂开采石油和天然气。这项法案专门针对监管不力的钻井活动。水平钻井和压裂离含水层很近的含气岩石层很容易导致地层不稳定。有些人家厨房的水龙头甚至冒出天然气，这非常危险，而且绝对是不负责任的。减少压裂应该是抛弃化石燃料的第一步。如果其他因素都保持不变，这将导致天然气产量减少，价格上升，对消费者的吸引力降低。不过如果最后人们选择弃气用煤，提炼含油砂或油页岩中的沥青，情况只会更糟。是时候远离所有化石燃料了。

水龙头跑出天然气当然是极端个例。是的，压裂会带来环境问题，但含油砂和传统煤炭对大气来说是更糟糕的敌人。和人类一样，所有动物呼吸了火电厂排出的废气后，也会感到不舒服。因此，天然气不是世界上最糟糕的东西，煤炭才是。

天然气的燃烧会产生清洁的气体。甲烷的化学式是CH_4，一个碳原子通过4个化学键与4个氢原子结合在一起。天然气燃烧时，两个氧气分子和一个甲烷分子结合，产生二氧化碳和水。即使看到化学就头疼的人也能完成这个计算：$CH_4+2O_2=CO_2+2H_2O+$热量。

这个化学式的两端是配平的。H_2O就是水，因为温度高，所以水以水蒸气形式排出。

由于天然气比汽油、煤油（柴油）更清洁，在许多城市，天然气是一种更受青睐甚至政府规定采用的能源。出租车公司如果使用天然气而不是汽油，可获得补贴。由于甲烷只有一个碳原子和4个可以断开重建的化学键，它燃烧非常剧烈，而且重量很轻。但甲烷在大气压下是气体而不是液体，所以即使经过压缩、液化，甲烷仍然比汽油占用更大的空间。有出租车司机曾和我抱怨，他们必须开车到专门的加气站加天然气，而且和以前加汽油相比，他们必须更频繁加气。在印度的海得拉巴（Hyderabad），所有自动出租车或自动三轮车都用天然气，而且有很多地方可以加气。由于人口稠密，车辆数量惊人，挤满了每条街道，印度当局才决定使用清洁的天然气。但是天然气的大量开采产生了另一个问题：天然气泄漏无处不在，而甲烷是一种强大的温室气体。

到目前为止，我们已经认识到，如果必须燃烧一种能源，由于电动汽车还达不到所需的数量，这种能源越清洁越好。但是泄漏的散逸性气体确实是个麻烦。在天空中，作为温室气体，未燃烧的甲烷比二氧化碳的威力要强大得多，尽管甲烷在几十年后会分解。20年后，1千克甲烷的威力是等量二氧化碳的80倍。500年后，甲烷的效力如科学家们所说“大大减少”，但是我们人类没有500年的时间来解决这些令人不安的问题。我们必须在天然气泄漏之前就开始工作，捕获它，或者更好的是，我们不把它作为第一选择。甲烷是一种非常危险的散逸性气体。

天然气绝不是温室气体导致全球变暖问题的长久解决方案。不过目前在世界各地，天然气都是最好的选择。如果必须水力压裂的话，请不要搞砸了。不要泄漏易燃气体，在天然气逃逸之前捉住它。为了环境，我们可以收取比现在高很多的天然气税，对天然气公司的每次泄漏事故收取罚款。甲烷是威力强大的温室气体，我们必须在不回到烧煤的前提下尽快淘汰它。是时候淘汰煤炭、天然气、石油了。伟大的下一代的关键任务是建立一个不需要天然气或任何化石能源的世界。

10

神奇的核裂变

当我听说“鹦鹉螺”号核潜艇（USS *Nautilus SSN-571*）时，它已经是冷战时期的传说了。它是美国海军的第一艘核潜艇。1958年，“鹦鹉螺”号在冰下潜行，到达北极。它不仅是美国有能力与苏联竞争的象征，它本身就是传奇。我曾经搭建过*SSN-571*的塑料模型，并在模型中再现了“鹦鹉螺”号的核反应堆。当时我还是一个孩子，对我来说，核能是世界上有史以来最伟大的能源。有了核能，船员就拥有丰富的电能，可以随心所欲地把水变成氧气（把氢气排出舱外）。船员可以用日光灯种菜，吃上新鲜番茄；舱内的温度可以随意调节；世界上第一艘核潜艇的船员基本无须浮上海面换气。核能听上去不仅是海战的未来，还可以为1950—1960年超强美国的每一位公民所用。

经历了“鹦鹉螺”号的成功，我和我的小伙伴当年听到这样的预言一点都不意外：核反应堆将给我们带来取之不尽的免费电能。因为核能太充裕了，成本又很低，所以没有必要计算每位居民用了多少电。迄今为止，这一梦想尚未实现，但对许多工程师来说，核能在今天看上去是安全和充满希望的，有人甚至认为核能是未来唯一的能源选择了。和所有人一样，我也希望找到一种方法、一项技术，只要加上一点努力，我们就能自我拯救，不过当问题涉及核能时，我很矛盾，原因如下……

核能最大的吸引力在于它不产生碳。美国的两大零碳能源分别是水力发电和核能。今天美国的19%电能来自核电站，6%来自大坝，5%来自风能和太阳能，其余的电能全部来自糟糕的化石燃料。如果我们关停所有核电站，就得燃烧更多化石燃料，把世界进一步推向全球变暖的枪口。在德国、法国、日本和其他许多国家，事实也是如此。

增加水力发电量听上去不错，不过新水坝不仅造价很高，也会破坏环境。增加太阳能和风能的发电量更容易些，但晚上没有阳光，风也不稳定。目前，风能和太阳能都无法提供稳定的24小时供电。当然，如果发明了容量更大的电池或储能系统，情况会有所改变。正是因为核能可以稳定供电，詹姆斯·洛夫洛克（James Lovelock）等著名的环境保护主义者坚决主张我们应该放下对核能的恐惧，建造新一代的核电站。我当然赞成这一主张，但现在我仍然有一些顾虑，非常希望它们得到解决。

和很多男人一样，我很爱逛五金店。孩提时，每当家里人要去华盛顿特区的海金格（Hechinger）大型五金店看看建造一个辐射避难所需要什么材料时，我总是很兴奋。一些煤渣、几十瓶灌了水的漂白剂就足够了。核战争和核能总被认为在不久将来会成为日常生活的一部分。核武器很可怕，所以控制威胁才是将比太阳表面还热的原子核转化成温和、温暖的奇妙能源的关键所在。

核电站就是一个热机。正如火电站，核电站也用热能烧开水，将水转化为蒸汽，以推动发电机产生电。唯一的不同在于核电站不需要化学燃烧，不产生二氧化碳，所有的热量都来自辐射衰变。在适合的条件下，铀或另一种辐射金属（比如钍）的中子撞击原子核，引发链式反应，释放大量热量。然后就像老式火电厂一样，热量被用于产生蒸汽，推动涡轮发电，但是亚原子层面的实际操作很复杂。

等一等，让我们退后一步看看。一切事物（包括你和我），都由原子构成。对于这一观念，今天的我们习以为常，但原子可是有着令人惊奇的过去。你遇到的所有固体、液体和气体都含有超新星爆发时诞生的原子。超新星的质量非常大，很容易达到临界点爆炸（释放出无数氢弹级能量和星体核废料）。超新星把自身的大量物质喷入宇宙的虚空中，它们的元素与宇宙中已经存在的氢原子星云混合，形成了新的恒星。地球和地球上的一切（除了来自宇宙大爆炸的氢原子）都由恒星核反应产生的原子组成，这真是太奇妙了！

放射性元素是那些会自发分裂的不稳定原子。它们诞生于超新星爆炸，现在正在破坏一部分最初创造它们的核过程。放射性元素衰变时会释放亚原子——元素自身的一部分。亚原子相互作用释放热量，为我们提供了将远古恒星爆炸产生的能量转化为你我可以使用的能源的方法。

还有一件颠覆我们想法的事情。物理学家发现，你接触和看到的一切都是虚空的。初听上去，这令人难以置信。原子由相对膨胀的松散电子云和微小的致密核组成，化学能来自松散的电子云，原子能则来自内部的核，这就是核能不需要燃烧、不产生碳、能量如此密集的原因。但这些事实又使原子能在另一层面上变得非常复杂。在每个原子的巨大空体积内，有一片极其致密的区域叫作原子核。这个词来自生物学——细胞的中心被称为核。

利用磁铁、电流、真空管仔细研究了好几年原子后，人们终于明白原子核中包含不带电和带正电（正电荷）的粒子，它们分别叫作中子（电中性）和质子（带正电）。如果把前者当作酒吧顾客，后者就是酒保。中子顾客问："我为什么没拿到账单？"质子酒保回答："对你不收费（no charge）。"中子再问了一次："你确定吗？"质子回答："我肯定！"你看，写笑话就是这么容易……

说真的，在合适条件下，这些粒子可以自由穿梭，相互撞击产生链式反应，克服"核力"。核力有强有弱。质子带正电，它们之间的排斥作用非常强，那么质子之间靠什么作用力凝聚在一起呢？答案是强核力。不带电的中子也依靠强核力和弱核力的组合凝聚在一起。强核力在很短的距离内（10^{-18}米）产生非常强大的约束力，这让我想到一对磁铁。如果磁铁的两极吸在一起，就非常难分开。不过一旦成功把磁铁分开了，它们之间的吸引力就会立刻衰减。核力也是一样，在粒子相距很近时很强，在粒子相距很远时弱得难以察觉。

正如你所知，放射性是特殊元素自发从原子中射出亚原子的特性。你可能听说过一个名词"半衰期"（half-life）。它描述放射性物质的一半原子从一种物质变成另一种物质（即一种元素变质为另一种元素）所需的时间。在这过程中，元素的质子数和中子数都发生了变化。当重原子衰减时，质子数越来越少，原子数也从大变小。铀是最经典的例子，铀可以缓慢地自发衰变成铅。首先，铀原子射出一对质子，它们和一堆中子结合在一起，接着铀原子核中剩下的一些粒子变成了中子，释放出更多能量。物质的能级随着衰变一步步降低，每一步原子核中的粒子都会释放能量——热量。这听起来像小说一样，一切都发生在由微小却强大的能量聚集的微小物质间。衰变释放的热量就是我们在核反应堆中追求的东西。

自然的神奇之处就在于，我们可以精确知道每一段时间内有多少原子从一种元素衰变成另一种（质子数不同），但我们又不知道某个原子是第几个衰变的（是第一个、第二个还是最后一个）。我们做了各种尝试，但某个原子的衰变看上去是不可预知的。噢，比尔，开什么玩笑，你说过你知道半数原子会衰变，又说不知道哪一个会衰变？是的，完全正确。

初次发现自然的这一性质时，人们（如物理学家）完全不能理解，直到现在我也不能说完全明白了。自然界存在随机性，这是物质的统计特性，现在这种特性被称为量子力学。量子力学是支配原子核和基本粒子行为的规则体系。埃尔温·薛定谔（Erwin Schröinger）曾做过一个著名的思想实验：如果一只猫被关在盒子里，它的命运取决于与一瓶毒药相连的放射性探测器。薛定谔指出，如果你不打开盒子看，是无法知道猫是死还是活的，但以量子力学的观点来看，猫处于既生又死的状态。这是物理学史上一段非常重要且奇怪的推理。薛定谔的猫经常被喜欢学术的人印在T恤衫上，但爱因斯坦生前对整个量子力学不屑一顾，他不屑地说："上帝不玩宇宙骰子。"可是宇宙确实在掷骰子，放射性衰变就是一个例子。自然具有随机性和很强的可预测性。

我希望每个人都能认识到，使核反应堆得以实现的发现是在研发威力惊人、致命的核武器——原子弹的过程中取得的。原子弹的破坏力是非常可怕的，但人类在制造原子弹过程中发现的知识改变了世界，改变了人类对自己在宇宙太空中所处位置的认知。

去五金店找建造防空洞的材料对当时还是孩子的我来说非常有吸引力，但我对具体需要什么只有非常模糊的想法。原子弹以非常混乱的方式释放大量能量（破坏力强）。粒子物理的历史或许可以给我们一些启示。用浸满燃料的破布和火柴点燃一场森林大火是一回事，建造高效、清洁的燃烧炉是另一回事。核能很容易以不可控的方式释放，所以要以低成本、可控的方式生产核能很困难。

让核反应堆中的原子核发生反应不是一件简单的事情。当原子分裂并释放能量时，我们称它们发生核裂变。要触发核裂变，需要正确数量的中子和质子，它们之间的距离还必须足够近。确切地说，它们必须是正确的同位素（来自希腊语“同种”）。

一种元素之所以是这种元素取决于质子数，而一种元素的各个同位素则由中子数来区别。在原子核外，质子由与质子相同数量的电子平衡，电子数决定了元素的化学性质。根据本杰明·富兰克林（Ben Franklin）的发现，我们认为质子带正电，电子带负电。质子数被称为原子序数（atomic number），决定了元素的种类。氧原子有8个质子，碳原子有6个质子，当两者相互作用时，我们便知道要形成二氧化碳需要多少个碳原子和氧原子。

质子数和中子数之和决定了元素在核反应中所起的作用，这个数被称为原子质量（atomic mass）。所有铀原子都含有92个质子，大多数铀原子含有146个中子。我们用原子质量来标记：92+146=238，我们称这样的铀原子为铀-238（U-238），写作$^{238}_{92}U$。但我们经常遇见的是只有143个中子的铀原子（92+143=235），即铀-235（U-235），写作$^{235}_{92}U$，这种铀改变了世界。

据大家所知，是尼尔斯·波尔（Nils Bohr）搞明白了铀原子的中子，所以后来原子的波尔模型以他的名字命名。当时波尔正坐在普林斯顿大学尊贵的就餐区，他突然说了句“我知道了”，然后起身，没有再说一个字。他快速穿过大学回到办公室，没有和跟着他的同事说任何话。接在他在黑板上画了三张图，其中的一张图描述了天然铀的性质：在放射性混合物中，只有0.7%是铀-235，其他的99.3%都是铀-238。第二张图描述了铀-238的性质，第三张图显示了链式反应尚未开始的原因。由于铀-235的中子速度刚刚好，这个链式反应很快就会开始。铀-238的中子速度太快，其他放射性元素（如钍）的中子速度又太慢，但铀-235的中子速度刚刚好。波尔几乎在一瞬间就意识到他们需要提取或分离铀-235，但这可不是件容易的事情。

两种铀同位素的质量差只有1%。化学工程师利用奇妙的化学方法把轻铀从重铀中分离出来，并将其做成一种陶瓷状的材料，以用作核燃料。

我简单介绍一下其中涉及的化学原理，请跟上。首先开采铀矿石，它们一般是UO_2和UO_3的混合物，然后用氯酸钠或硫酸浸出U_3O_8，到这里还没有放射性。接着把U_3O_8放入充满氟化氢气体的烤炉或者窑中，随后再将其放入只有氟气的窑中。你还可以用无比强劲的氢氟酸洗U_3O_8，氢氟酸是一种用来蚀刻灯泡内部白霜的强酸。这一步的目的是使铀和氟结合成气体六氟化铀（UF_6），核工业界的人称它为魔法气体（hex）。能源行业中没有完全简单和清洁的东西，不过六氟化铀特别恶心。

如果你是个冒险家，六氟化铀就是为你准备的。它和任何形态的水都能反应，甚至空气中的水蒸气也不例外。在常压下，它的沸点是125摄氏度，它集热、腐蚀性和放射性于一身。不过记住，这玩意非常有用，因为它能产生大量能量，说它有魔力也不为过。氟在自然界中只有一种同位素：氟-19。因此，氟和铀形成化合物时，分子质量的差别完全取决于铀原子——是铀-235还是铀-238。在高速的离心机中旋转魔法气体就能把重的魔法气体分子分离出来。这种离心机是管理核武器扩散的官员特别担心的机器。一旦敌对国家秘密进口这种离心机，这些官员就会表露出深深的担忧。

在每个细节都做到位的情况下，工程师可以从$^{238}UF_6^{19}$中分离出$^{235}UF_6^{19}$。工程师要做的是使蒸汽和魔法气体发生爆炸反应，产生含氟的铀氧化物，再把新生产的颗粒和氨混合，生成尿酸铵，然后将其干燥，再在700摄氏度的高温下得到氧化铀粉末。只有到了这一步你才可以发电，很简单吧？

工艺虽然很复杂，但人类已经掌握这种工艺70年了。在核反应堆中，铀-235的浓度大概是5%。虽然它不是纯爆炸铀，但能产生大量热量。恩里科·费米（Enrico Fermi）用大量石墨（纯碳粉）在芝加哥大学建了世界上第一个核反应堆——芝加哥一号堆。石墨原子可以减缓中子衰变的速率，但又能让链式反应不停地进行下去，效果非常棒。切尔诺贝利（Chernobyl）核电站的反应堆也利用石墨减速，但在那致命的一天，技术人员不小心导致核燃料棒过热，引发了爆炸。

要建立一个有用又安全的核反应堆，关键在于将放射性铀金属核中的热量以可控的方式释放出来。现役的大多数核反应堆都利用了高压液态水——水在铀核周围循环。将热量释放出来并不是件简单的事情。你可能在核电站看到过优雅的曲面冷却塔，这种冷却塔一般在气候温和的地方（如法国和华盛顿州西部）使用。在华盛顿州东部，夏天气温太高，所以哥伦比亚二号电站（Columbia Power Station II）没有设置曲面冷却塔，取而代之的是配备强力风扇的矮楼，这都是为了提高热效率。

在大多数商业核反应堆中，水既是中子慢化剂（减速剂），又是冷却剂。因为一旦燃料棒泄漏，水就被污染了，整座核电站都将带有放射性，所以还有一种方案是用一圈水循环把热量传给另一圈水循环。有了两圈水循环，同时发生泄漏的概率会很小，但是1979年三里岛（Three Mile Island）核电站就发生了这样的泄漏，结果不只是反应堆大楼，整座城镇都关闭了。

另一种比较普遍的冷却剂是液态钠——与氯组成食盐的元素。纯钠其实是金属。液态钠的导热性相当好，而且不会腐蚀管道。不过液态钠必须保持高温，不然就会冷却凝结成固体，堵塞冷却管道。不过保持物体高温是核反应堆中最小的工程问题了。你可能知道，钠一旦接触水，小心，它会爆炸！这又是使核反应堆变得复杂的另一个问题。随着反应堆数量增多，威力变大，这是另一桩要处理好的事。不管是水还是钠，冷却剂的放射性都会保持一段时间，但几小时或几分钟后，放射性就消失了，冷却剂又可以重新进入反应堆循环和冷却了。

将核反应堆中的中子速度调至合适是成功的核反应堆设计的关键。石墨很好，水也可以用，重水甚至更好。重水的氢原子多了一个中子，这种原子很常见。为了得到重水，可以在离心机中旋转分离水，或者收集水电站涡轮机周围的重水，使其通过一道串级系统。不管采用哪种方案，核电站都很复杂。历年来，工程师想出了许多不同的设计，从下面这一堆核工业采用的缩写词中就可见一斑了：PWR——压水反应堆，见于加州代阿布洛峡谷（Diablo Canyon）核电站；PHWR——重压水反应堆，见于加拿大莱普罗角（Point Lepreau）和印度拉贾斯坦（Rajasthan）核电站；BWR——沸水反应堆，见于美国拉萨尔（La Salle）核电站；还有ABWR——先进沸水反应堆，见于新北市；法国和它的邻邦使用EPR（欧洲压力反应堆）。此外，核反应堆还包括LWR（轻水反应堆）、LMFBR（液态金属快增殖反应堆）等。

核反应堆技术的复杂之处是我对核能持保留态度的一部分原因。当然，我们一直都在复杂的飞机中飞来飞去，我们手机上的软件复杂到任何工程师单靠个人力量都设计不出来，所以也许复杂不是原因，风险才是。一次核电站事故就导致切尔诺贝利大片区域不适于居住，而且时间持续几个世纪。在美国，火电厂的废气每年就间接杀死2万多人，杀害大量野生动物。火电站排放的温室气体更是一大麻烦。天然气当然清洁很多，不过温室气体的问题依然存在。二氧化碳会在未来的几百年中保持热量；未经燃烧就散逸的天然气的威力更是比二氧化碳强得多，而且天然气会在大气中逗留几十年。现在你该知道我为什么纠结了。

很显然，人类利用核能的最大障碍是公众对其危险的感知。还记得日本地震和海啸引起的福岛（Fukushima）核电站泄漏带给人们的恐慌吗？你也许会问："为什么日本人要在那个地方建核电站呢？"那次地震比任何人想象的都要严重。没有人死于核辐射，巨大的水墙和倒塌的建筑才是最大的伤害。在关闭所有核电站4年后，日本在距离福岛90千米的仙台市（Sendai）以更高的安全标准重启核反应堆。当地市民的抗议非常激烈。然而，令人吃惊的是，核事故造成的死亡其实非常少。即使根据反核激进分子提出的最糟糕情况来推断，核事故造成的死亡也远比煤污染少。这听上去固然很有道理，但大多数人仍不会因此支持建造大批新核电站。

消费教育能否改变大部分人的担忧？气候变化的危险能否说服人们相信铀、钍（而非天然气）才是真正代表未来的桥梁燃料？在我们发现其他更清洁的能源之前，能否用核能解决世界的燃眉之急呢？让我们分析一下核电站的利弊。

令人纠结的核能

自小时候起，我就一直幻想驾驶类似尼莫船长（Captain Nemo）[①]驾驶的核潜艇，秘密地穿越海洋，无限期地航行。我总是有一些疑问。如果一片保龄球大小的铀就可以造成我在核爆实验照片上看到的那种破坏，那需要多少铀就可以使一艘船或一座城市运行？用完的核燃料该弃置在哪里？是什么使得铀既清洁又致命？我的意思是，铀和其他放射性金属肯定由威力巨大的物质组成。我们为什么不开采这些可裂变的物质，利用它们给世界供能呢？

答案很简单："这很复杂。"当我们给汽车加油时，汽油是均质的，每个分子都一样，核裂变物质则不是这样的。典型铀燃料

① 科幻小说《海底两万里》中的人物。——译者注

中的原子并不相同。如果你读了前几章，你应该记得轻铀原子比重铀少几个中子。不同于铀-235，铀-238完全无法裂变，虽然它们的中子数相同，而且它们同为重金属，许多性质也相同。

自发现核裂变以来，科学家和工程师看到了一个巨大的不可思议的机会。如果我们能克服一切困难把轻铀从重铀中分离出来，如果我们可以把相对不难驾驭的铀-238放在中子流中间，铀-238将变质成钚元素的几种同位素，其中最主要的是钚-239。钚-239和铀-235在核反应堆中发挥的作用相同。钚-239含有94个质子和145个中子，铀-235含有92个质子和143个中子。由于钚的放射性很强，需要特别建造一种核反应堆。

下面是一个很棒的想法。他们提出钚其实可以持续"繁殖"，"繁殖"这个词用得多么艺术呀！假设一个核反应堆已经在进行铀-235核裂变。一旦链式反应开始，你可以不断把由铀-238组成的燃料棒加入反应堆中，使其变质成钚-239。钚-239会再进行核裂变，变质回铀-238和其他同位素。在这一连串反应中，铀的一些质量会以爱因斯坦著名的定量关系——$E=mc^2$转化为能量。理论上，这个想法听上去棒极了。用这种方法进行核裂变，铀的需求降低了，我们不需要开采那么多铀了。核废料也会减少，而且整个过程都是无碳的。用这种方法，你甚至可以从那些旧铀燃料棒和球块中回收大量铀。法国有一个核废料再处理项目正在运行。这个想法太美妙了，不过也存在危险。处理这些核废料是件复杂的事，而且许多人都担心恐怖主义者和恶徒偷走一些核废料，并制造危险的炸弹。

1994年，有一次，我和格伦·西博格（Glenn Seaborg）共进午餐。格伦·西博格因发现（应该说是发明）钚元素而被授予诺贝尔奖。他告诉我，他的同事提议把这种新元素命名为"plutinum"，用缩写"Pl"代表，其中"l"是名字的第二个字母，这个名字接在第93号元素镎（neptunium）之后非常符合逻辑，因为这符合太阳系行星的次序。在午餐上，他说他当时坚持把钚元素命名为"plutonium"。"比尔，'plutonium'听上去酷多了。"是啊，格伦，哦不，西博格博士，"plutonium"听上去比"plutinum"酷多了。西博格还坚持将这种新元素的原子缩写为"Pu"（就像尿），因为"这东西太臭了"。钚是一种特别重的金属，而且毒性超强。他还告诉我，一个人只要吸入几微克，就会因中毒和巨大的放射性而死亡。是的，钚可以让你生不如死。

钚被弥补差距委员会（Committee to Bridge the Gap）的丹尼尔·希尔施（Daniel Hirsch）评价为"人类制造出的最美妙最危险事物"。钚的放射性可以持续几万年，所以如果要弃置核废料，我们挑选的场所将长期存在危险，而且危险持续的时间比罗马帝国的存在时间长10倍。这可是很长的一段时间啊。罗马帝国干得很不错（从这个角度来说），政府维持了8个世纪之久。尽管我相信美国政府，但我还是怀疑它能否像今天这样继续存在500年，更不要说5,000年了。因此，我希望每个人都能停下来再想想核燃料这个方案。与我们对温室气体排放造成的全球变暖放任不管的后果相比，安全地处置钚看上去可行性高多了。

用钍来建下一代繁殖反应堆是一个很有说服力的主意。虽然钍不像铀那么强大，但一旦开始裂变，钍可以运行整个核反应堆。由于钍的核裂变能量较低，工程师声称系统在过热的条件下会自行关闭。当铀"繁殖"钚和再次裂变时，燃料棒将设计在反应堆中心的高温区里转进转出。有些有关核反应堆设计的科学论文指出，这样的反应堆可以运行60年不用添加燃料。当然，我们要问问自己，这世界上有没有机器的部件能自行运转这么长时间。好吧，有些轮船的船体和飞机的机身确实有这么老，不过只要船和飞机仍然在服役，就会得到大量维护。核反应堆环境的不同之处在于工人不能靠近高放射性的机械或系统。如果我们能造出可靠性如此高的核反应堆，钍实在是太吸引人了。毕竟，我对自己说，我用过50年的缝纫机。也许润滑和防堵塞的工作可以设计成远程进行——由一群机器人维护另一群机器。

记住，不仅触碰核废料会有危险，靠近核废料也会有危险。当然这也是人们谈核色变的原因之一。它距离我们日常生活太遥远了。靠近排放汞和多环芳香烃的火电厂、排放重金属的焊接厂、农业粪便池或煤、重金属采矿场的下游都是危险的，不过这些危险看上去都很熟悉。我感觉大多数人并不理解放射性的真正危险，而且不明白即使是化学性质稳定的工业毒素也永远有毒。换句话说，我们必须对火电厂发电产生的副产品特别小心，不管那些副产品是如何制造出来的。

毫无疑问，放射性核废料令人恶心，也很危险。因此人们弃置放射性核废料。在欧洲，核废料被弃置在旧矿场，人们确信旧矿场在今后几亿年内都保持稳定。有些盐矿场或盐丘特别合适放置放射性核废料。在我上学的地方——纽约州的伊萨卡（Ithaca），人们提议把核废料弃置在卡尤加湖（Cayuga Lake）地下700米的一个大盐丘中。据说这个地质结构在今后的几百万年中都很稳定，所以它是弃置核废料的理想场所。在今后30年，核反应堆产生的核废料大概能装满几个半拖车集装箱，它们都可以放置在这个盐丘中。不过会不会有好奇的孩子在200年后探索这座盐丘，然后意外患上癌症呢？我们需要仔细衡量这个问题的严重性，这个非常可能发生的情景让我对这样弃置核废料的举措举棋不定。

我曾参观过内华达州著名的（或者更确切地说，臭名昭著的）尤卡山（Yucca Mountain）。以前有人提议把这座山变成美国储存核废料的场所。客观地说，它并不适合储存核废料，因为这座山被侵入了（bored into）火山凝灰岩。他们建议把核废料储存在一种由特殊不锈钢合金22（Alloy 22）制成的容器中。这是一种性能优异的不锈钢，不过我非常怀疑，何种金属容器可以在今后的几万年中保证每个连接点和焊接缝的完整性。我仔细研究过岩洞中的钟乳石和石笋。在几万年的水滴作用下，合金22的形状也会改变。我是说特殊的不锈钢密闭容器也不能坚持那么长时间。

尤卡山还有个问题：它坐落在水床上。站在山上的停车场，你可以看到山底下有一条河流。为了确保埋在山中的管道不漏水，工程师曾做过测试，但是管道漏水了。夹带着核废料的水会顺着火山凝灰岩流动，最终汇入流向拉斯维加斯的河流。内华达州的居民即使不是地质学家，也能理解水、凝灰岩和时间的作用。他们不允许这一切发生，不允许核废料储存在尤卡山中。即使把长期的癌症问题搁置一边，仅仅考虑政治因素，我们也必须放弃尤卡山这个提案。在这件事上，内华达人的立场非常坚定，所以尤卡山项目被无限期搁置。

我谈了那么多有关尤卡山的问题，是因为对我来说，核能的一大病灶是人。不管技术在理论上多么完善，它必须在实际应用中表现得非常非常可靠。谁觉得尤卡山方案可行？谁授权打钻并做一个又一个测试？谁在推进这个内华达人反对的项目？简而言之，我们在核废料问题上能相信谁？

这又回到了复杂性的问题上。核反应堆天生就是不安全的——因为太复杂所以让人难以信赖？很多人都这么想。核能的问题在于事故总是突然发生，而且后果极其严重，这和火电厂温水煮青蛙式的排放毒素明显不同。三里岛核电站和切尔诺贝利核电站的事故导致公众强烈地反对使用核能，海啸引起的福岛核泄漏更使反核运动达到新的高潮。从安全和政治的角度考虑，我们能否把核电站建在能耗大的地方（如大城市）附近？我曾到过南非的约翰内斯堡（Johannesburg），市内有座公园，两座原为核电站而建的巨大冷却塔至今还矗立在那里。冷却塔表面已经被绘上五彩斑斓的美丽涂鸦，不过这两座冷却塔已不再发电。没有人可以接受在市中心建一座核反应堆的做法。美国华盛顿州的奥林匹亚（Olympia）也有几座冷却塔，它们距离州政府办公楼仅仅几个街区。出于安全考虑，这些冷却塔也从来没有运转过。

这些冷却塔是为20世纪70年代最先进的反应堆设计的。很显然，现在更先进的核反应堆设计会更安全或相当安全。我们需要的是对操作失误或设计错误等人类过失免疫的核反应堆。未来我们采用的球床反应堆便是这样的核反应堆。这种核反应堆于1940年提出，于1980年投入试验。核燃料被放于棒球或网球大小的陶瓷球内，置于漏斗形状的“床”上。它们会变热，然后热量被循环的气体带走，二氧化碳很适合这种用途（而且没什么缺点）。不过自从1986年一个燃料球堵塞了德国的某个反应堆后，这个想法就被搁置了。也许现在是时候重新尝试这一构想了，不过我们必须吸取当年教训，采用更好的设计。我认为这是取得进步的方法：吸取经验，谨慎前进。

最近有人提出了采用小型模块化核反应堆（Small Modular

Reacor）的想法。小型模块化反应堆利用的是中子速度。如果中子速度太慢，核裂变就不会发生，在这种情况下，反应堆就是安全的；如果燃料棒的形状设计巧妙，当中子速度过快时，核裂变也不会发生，小型模块化反应堆在这两种情况下都能自行关闭。况且，今天所有人都喜欢模块化设计。许多部件可以在其他地方加工，然后运到核电站进行组装，这样就不需要耗费核电站传统修建方法所需的数千小时工时。模块化还有一个优点，当某些部件坏了时，不再需要把整个反应堆拆开。虽然这听上去是个好主意——就像大批量生产的汽车，更换发动机过滤器很容易——不过许多年来，核反应堆都不是这样设计的。这种新型核反应堆不会特别大。一般来说，一个小型模块化反应堆生产的电不到300兆瓦。

尽管有了这些设计，铀仍然具有放射性，提纯以后，更加危险。至于钚，不管你对它做什么，都很危险。下一代、现代以及还未造出的核反应堆能否保障所有人的安全？想想下面几个数字吧，它们为我们提供了看待这个问题的另一个角度（我承认，只是其中一个）。

曾经，全世界共有80万口油井，其中的3,100口是海上钻井。英国石油公司的深水地平线（Deepwater Horizon）钻井平台就是其中之一。2010年，深水地平线因疏于安全管理而爆炸了。读者也许还记得当年人们有多么恐慌，很多人都表示反感、担忧，要求英国石油公司立刻停止钻探自喷井，清除泄漏在美国南部墨西哥湾的原油。那项清理工程花了好几个月，我写作这本书时正好是事故发生后的第5年，美国南部海岸线上仍然能看到当时泄漏的原油。分析显示大多数漏油都下落不明，最后人们发现，很多漏油不在海表面，也不在海岸线上，而是藏于摄像机和观察员完全看不到的海洋中层水中。

现在全世界共有433座商业核电站。如果你认为三里岛、切尔诺贝利和福岛的核事故已经够糟了，想想如果核电站数量与深海钻井平台数量相当，会是什么场景吧。把现在的核电站数量乘上10倍，即4,330座，我非常确定将会发生另一场核事故。这是否意味着我们应该完全抛弃核能？这是否意味着我们应该杜绝上述核事故再发生？这仅仅是管理问题吗？如果我们的核工程师像法国的核工程师一样优秀，能够零事故运行核反应堆几十年，我们可以确保自己的安全吗？说得通俗一点，这是荷马·辛普森（Homer Simpson）[①]的问题吗？我们接受所有其他能源行业的风险。我们没有在深水平台事故后放弃石油，但对于核能，问题变得特别复杂和情绪化。

气候变化的风险之高让我不禁再问：铀和钍真的是“桥梁”燃料吗？我们应该马上设计更好的核能发电站以便早日实现零碳能源吗？我相信应该如此，不过前提是我们设计的核电站在出现问题时能自行关闭。当然，核电站选址不能靠海太近，不然泄漏危害很大；核电站也不该建在地震断裂带上。这是个利益权衡的问题。气候变化可能会轻易地杀死几百万人。据联合国估计，切尔诺贝利核泄漏事故大概造成4,000人死亡。以百分之百可再生能源为终极目标，我们能否同时安全地追求核能？公众会支持吗？

在我写本书时，核能工程师相信下一代核反应堆会是安全的……或者足够安全。如果这是真的，那太棒了。美国存在的一

---

① 美国电影《辛普森一家》（*The Simpsons*）中的爸爸。——译者注

个问题是：与核能有关的一切都是长期保密的。在制造钚和氢弹时，一种比裂变炸弹更强大的武器在日本广岛（Hiroshima）爆炸，秘密从此变成了常态。大量核废料，包括危险的溶剂和化学品都被装在不够安全的容器中，埋在距离哥伦比亚河（Columbia River）几千米远的地方，这条河流经华盛顿州和爱达荷州。其中一些核废料已经泄漏了好几年了。核能行业保密的传统让人们对其极其不信任。我认识两位核能工程师，他们觉得整个行业在核燃料进反应堆之前和使用后采取的安全措施都做得不规范，所以他们离职了。

和技术发展同步，我希望看到核反应堆的管理透明化，更值得信赖。下一代核反应堆可能使用钍，虽然钍的放射性不如铀，不过一旦它与铀-235或钚-239发生裂变，从理论上来说，反应堆可以运行很久，而且在系统过热时可以自动关闭。一般来说，如果发生机械故障，如燃料棒或卵石床泄漏和堵塞，核反应堆是非常、非常难修理的，因为核反应堆的放射性过大让人无法靠近。直到核反应堆核冷却下来，技术工人才能进入维修。城市和乡村能承受多少存在故障的核反应堆呢？这是另一个需要考虑的问题。

我们可以看看法国的情况。在法国，80%的电能来自几座核电站。法国现在空气清新，乡村环境比20世纪时好多了。法国的核反应堆从来没发生过大问题，尽管这些核反应堆建于20世纪70年代。法国的经验值得借鉴，因为其中蕴含了“浴盆曲线”。我们制造的任何机械产品，比如打蛋机或者电梯，在刚开始投入市场时总会出现许多故障，但制造商会解决这些早期问题。你可能在电脑软件或者旧电脑上有过类似的体验。最后，这个产品表现越来越好，得到许多客户的喜爱。不过当产品老化，问题又出来了。

老机器上的部件坏了或者堵塞了，用不了。如果我们以故障次数为纵坐标、以时间为横坐标画一张图，图上的曲线看上去就像一只浴盆。早期，故障很多，经历一段低故障期后，故障次数又缓缓上升。

法国的核反应堆都慢慢老化了，但由于市民一般都不放心核反应堆，新的核反应堆项目基本上不被批准，老的核反应堆许可一直在更新。不过这些老反应堆可靠吗？它们是否已经达到“浴盆曲线”中故障增加的阶段？它们运行起来是像令人敬佩的老船只，还是像古董车一样总是出问题，需要昂贵的维护？另一方面，如果法国开始关闭核反应堆，拿什么能源来代替核能呢？替代能源是无碳的吗？

我们必须记住，世界需要能源。在不久的将来，我们所需的能源总和可能超过人类历史产生的能源总和。因为在未来几十年，地球上的人口越来越多，数量超过自10万年前人类成为智人以来的总人数。现实令人震惊，而核能具有巨大潜力。例如，如果我们能从铀浓度很低的核废料中提取能源，就有足够的能源来支撑整片大陆几十年。核能看上去是很符合逻辑的选择。

不过当我慢慢倾向于核能时，我又被核能那些复杂、难以控制的风险拉回来了。核燃料和核废料的铀浓度非常低（大概为5%）是由于人们担心恐怖分子获得这些物质，并利用其中的放射性铀制作炸弹，人们甚至担心恐怖分子掌握了能释放高浓度铀或钚、可以引发链式反应的武器。核废料是世界上最危险的东西。

我参观华盛顿州哥伦比亚河畔的哥伦比亚发电站（Columbia Generating Station）时，遇到了许多安检关卡。除了有栅栏防护，守卫兵还配备了机关枪。当我们一行人去观看储存放射性核废料的筒仓或木桶时，守卫对我们上下搜身，就像电影中演的一样。不是故意引起读者你的不适，他们还搜查我们的裆部是否藏有武器。我们只是要接近核废料储藏桶，还没接近核反应堆呢。这一切安检看上去很安全，不过我确定目标明确的恐怖分子还是可以得到一些核废料。如果恐怖分子在实施计划的前几年就在核电站安排了卧底，那就更容易了。

在核反应堆附近维持无懈可击的安保不是一件容易的事。核电站有一个共同的问题——核跳蚤。这不是指真正的跳蚤，而是指放射性尘埃。工作人员的脚底或裤兜粘上一些放射性颗粒是很常见的现象，因此他们离开核电站时常会触发报警器。长此以往，人们厌倦了追踪这些放射性"跳蚤"，只是用酒精或其他东西随便擦拭一下衣服，这样守卫有时就让工作人员随身带着放射性物质回家了。一般来说，这没什么危害，不过如果某个工作人员一直这么做，守卫就会习以为常，睁一只眼闭一只眼了。这样的安保失误使工作人员私自带出某些危险物成为可能。这是个可以解决的问题，不过现在即使人们再努力追踪"跳蚤"，还是会出差错。

如果你跟随我的步伐，读到这儿，想必你内心和我一样矛盾。我们对核能满怀希望，同时又深深恐惧。对此，我有个建议，我觉得下一步应该建造一个最先进的核反应堆。这个系统遇到问题会自我关闭，还能不断旋转燃料棒，维持核裂变，提供核能。这是个巨大的挑战，不过在能源需求上升和温室气体排放量增加的双重危机下，也许人类的未来就靠它了。

换句话说，我们试试能否建造一个既便宜又安全的下一代核反应堆，看看有没有可行的新想法。有些地方有很好的基础设施和熟练的技术工人。对我来说，我担心核能的安全和气候变化。

正如波音测试飞行员阿尔文·约翰斯顿（Alvin Johnston，又名Tex Johnston）驾驶波音707的原型机做了一次滚筒动作后所说："一次试验抵得上1,000位专家的意见。"这个想法值得一试。因此，我们应该试试经过安全性论证的繁殖核反应堆。不过让我们事先约定，如果还存在无法解决的困难，我们就必须抛弃核能，把智慧和金钱投入到别的地方。

等等——还有一点。我们目前讨论的所有核反应堆的设计原理都是核裂变。如果我们发现另一种既可以利用原子能又不用牵涉到麻烦的铀和钍的方法呢？这种方法的确存在，只是我们现在还不清楚人类是否能利用它。原子能来自太阳，恒星发光发热靠的就是核裂变。质子之间相距非常近时，相互排斥的力巨大。在恒星中，巨大的引力把质子挤在一起。在高压下，质子发生核裂变。大到难以想象的力作用在距离短得难以想象的原子之间，促使它们分开。原来的氢原子瞬间变成了含有双质子的氦原子，同时释放出巨大的能量，这就是氢弹的工作原理。我们把这过程叫作核聚变（fusion），质子在几百万度的高温下聚变成氦原子。

在太阳这类恒星中，核聚变反应由巨大的引力维持和控制。在地球上，物理学家的目标是在一个"磁瓶"中引发核聚变。带有巨大磁场的虚拟瓶子可以把原子核保持在一定的位置上。接着我们以某种方式收集热能发电，运转整个系统，包括前面提到的巨大磁场本身。目前为止，还没有一个研究小组可以实现这一目标，但他们都在尝试攻克这一难题。

想想吧，如果全世界各地都有能自我运转的核聚变发电站，这是一件多么酷的事，这样能源就几乎是免费的。氢原子到处都是，看看一瓶水吧。不过直到今天，核聚变还没有实现。研究人员总是说，再给我们40年的时间，我们会实现核聚变。对于迫在眉睫的气候变化问题来说，这可不够快。然而，如果有一场科学革命呢？如果人们对宇宙暗能量的研究取得重大突破呢？那它将会和几十年前的发电技术一样再次改变整个世界。如果停止尝试，那我们肯定一事无成。

我们必须找地方开展核聚变试验。不少大型国家机构和国际机构正在投资核聚变研究，有些私人公司也在想办法解决这个问题。在我写这本书时，位于加州帕姆代尔（Palmdale）的洛克希德·马丁公司（Lockheed Martin）的研究人员声称他们取得了前所未有的进步。他们说，在10年之内，这个系统就能搭建起来。一家名为三阿尔法能源（Tri Alpha Energy）的神秘公司也宣称他们在核聚变上取得了重大突破。对于核能，我持怀疑态度，不过我对新想法持开放态度。这是一段走向未知方向的旅程，我们必须稳步前进。

总之，我们必须坚持“所有方法一起试”的态度来对待气候变化。我们在进行核试验的同时，也需要大力开发其他零碳能源。我们很有信心，因为这些能源已经开始改变世界了。

12

光与电之间差一块太阳能电池板

太阳光是能量，其中大约有一半是红外线——那就是热量。我曾好几次尝试用阳光烘烤松饼和司康饼。我在华盛顿特区当童子军（Boy Scout）时，做烤饼并不成功。不过后来我搬到了南加州，对于每平方米能得到多少太阳能有了更多了解，然后利用太阳能烤松饼就成功了。我用美食展示了在地球上利用太阳能是一件多么容易的事情。

烤松饼时，我要汇聚太阳能——利用一个能收集太阳光并把它变成太阳能灶的曲面镜。这个方法真的有用，这里面有些诀窍。我希望你能亲自尝试，你会发现烹饪需要的时间比较长，因为你在家里组装或在外面买到的太阳灶无法把足够的能量聚集到足够小的空间里，从而完成烹饪，许多能量都平白流失到空气中了。结果我一次只能烤一个司康饼。这是太阳能最大的缺陷：太阳能很多，不过都是分散的。大气层吸收了25%的太阳能之后，每平方米地表大概能获得1,000瓦太阳能。传统烤箱的面积只有1/8或1/9平方米，所以为了获得传统烤箱的功率，我们必须汇集太阳能。无论是在家里还是在外露营，你都需要一面大镜子或一组镜子来帮忙。

不过如果你的能源公司可以进入西班牙或美国西部的广袤地带，你会成功的。在加州，伊万帕太阳能发电设施（Ivanpah Solar Power Facility）拥有173,500台可以移动的镜子。这些镜子追逐着太阳，把阳光导向离地面140米的高塔上。在塔上，热量产生的蒸汽推动火电厂里随处可见的传统涡轮。不过，这些热量是免费的，而且整个系统几乎没有排放温室气体。“几乎”这个词很重要，根据现行的方案，工程师每天早上需要燃烧天然气来启动系统，使其达到工作温度，所以我们还做不到温室气体零排放。

这座巨型太阳能发电站的建立要归功于当时的加州州长——阿诺德·施瓦辛格（Arnold Schwarzenegger）[①]。施瓦辛格在许多方面都属于保守型的政客，不过他看到了我们的星球正在发生什么，并觉得减少加州的温室气体排放是一笔不错的投资。伊万帕太阳能发电设施的设计发电量是400兆瓦，我相信有朝一日它可以达到这个目标。在我写这本书时，这座占地16,000,000平方米的发电站正以40%的设计发电量运行，也许以后产能可以得到优化。我想也许太阳能发电可以与熔盐储热系统（做得还不是很好）联合起来提高产能。汇聚太阳光的镜子融化食盐，炙热的液体被泵到地下储存起来，用于第二天加热锅炉。但当温度达到800摄氏

① 他还是奥林匹亚先生、健美运动员、力量举运动员、演员、导演、制片人、政治家，拥有美国和奥地利双重国籍。——译者注

度，盐会凝固，这时问题产生了：管道会堵塞，系统难以重启。

目前，太阳光产生的热量被用于煮沸水，使其产生蒸汽，驱动传统的蒸汽涡轮。这些涡轮我们用了超过100年了，没什么问题。不过现在我们已经有了效率更高的热机。一些公司投资使用双活塞斯特灵发动机（Stieling-style engine）：一个活塞使工作流体（通常是空气）膨胀，推动曲柄；第二个活塞将热量从发动机的一侧传递给另一侧。这种发动机十分高效。全球的许多公司都提议建造几千个抛物反射镜来产生热量，以驱动这种斯特灵发动机发电。市场上有面积为30平方米的反射镜出售，据说发动机的发电功率能达到25千瓦。这么优良的表现是高效的反射镜与高效的斯特灵发动机合作的结果。我们拭目以待。

无论你想把这些装置摆在哪里，都需要大面积的空地和晴朗的天空。这些汇聚太阳能的系统有很大的潜力。也许在不远的将来，现在依赖沙特阿拉伯石油的国家都会选择建立像伊万帕发电站一样的大型太阳能发电站来供能。注意，在那些地方，每天中午大多数能源都被用来给建筑制冷，此时也是阳光最强烈的时候。因此，在人们工作最繁忙、运行最耗能的空调时，太阳能发电站正好产能也最大。

太阳能可以发电是因为阳光和电都是能量，相互之间可以转化。汇聚太阳能不是唯一的转化方法，我们可以直接把阳光转化为电能，无须产生超高温或沸腾的水来产生蒸汽。光到电的直接转换需要太阳能电池板。我们称这种方式为光伏发电（photovoltaic）：光（photo）+电（voltaic）。这是目前利用太阳能最常见的一种方法，也许以后这种方法会更重要更普遍。

我们可以把太阳光直接转化为电能，是因为我们理解了量子物理（quantum physics）。光被认为是移动的波或移动的“光子”包。我们相信光子和被叫作量子的能量波包是真实存在的，因为这些理论与实验结果吻合。科学家利用量子的概念创造了我们见过的所有电子设备，包括太阳能电池板。19世纪70年代以来，科学家发现，如果光照射到特定的金属（如硒）上，就会产生流动的电子——电流。直观地说，你可能认为光越亮，电子越多，的确如此。你可能还认为光越暗，电子越少，这也是正确的，不过只在某种程度上。

光的亮度不是唯一的决定因素。光的“颜色”也很重要。在彩虹中，与红色端的光相比，紫色端的光的能量更高。为了发电，光的能量有一个阈值，如果低于这个值，我们就得不到电子或电流。一旦光子的能量超过这个阈值，我们就能得到电子！这个理论帮助阿尔伯特·爱因斯坦（Albert Einstein）赢得了诺贝尔奖——不是因为他的相对论。量子是能量的最小量度。当你听别人提到“量子跃迁”，他实际上说的是自然界的最小跳跃。“量子跃迁”这个词挺讽刺的，不过我向你保证量子跃迁是人类思想的一大进步。在量子跃迁中，一个粒子在一瞬间要么在这里，要么在那里。这个发现改变了世界。

除了量子物理，工程师还要利用物质的另一种特性才能制造太阳能电池板。有些材料可以导电，比如金属和碳，还有一些材料完全不能导电，比如二氧化硅——玻璃的原材料。不过在这两种极端之间，还有一种导电性不是非常好却又不是完全绝缘的材料，我们称之为半导体（semiconductor），这名字起得非常贴切。有了半导体，我们才能利用量子物理，利用光子发电。

这所有的一切还是要提到迈克尔·法拉第的发现。法拉第注意到硫化银（没有光泽的银）在温度上升时具有更好的导电性，而普通纯（或接近纯的）金属（如铜）随着温度升高，导电性下降（这是电线的一大问题）。产生这种差异的原因在于硫化银不是真的导体，而是半导体。一个世纪后，人类理解了量子物理，学会制造类似的半导体材料。目前为止，最有用的半导体材料是经过稍微变化的硅。

纯硅不导电，不过掺入一点杂质后，其混合物就成了半导体。如果加入一点铝、铟或磷，半导体就会带上一些电荷，可以导电了；如果我们加一点镓或砷，半导体会失去一些电荷，也能导电，不过电流是反方向的。一直以来，将这些金属混入硅中的过程被称为掺杂（doping）。当硅获得了一些电子，我们称其为N型半导体；反之，当硅少了一些电子，就被称为P型半导体。

掺杂半导体非常复杂，需在温度可控制的真空管内进行。工程师要非常小心地处理硅片，而且一切工作必须在没有灰尘的洁净室中进行。这项技术为我们成就了太多，它的起源地后来成为美国的计算机工业中心，这也是加州被称作硅谷（Silicon Valley）的原因。

P型半导体失去的电子被称为电洞。从微观上看，就好像一个亚原子大小的洞占据了电子原来的位置。光伏太阳能电池板由N型半导体层和P型半导体层组成，它们和你手机的组成材料一样。N型半导体和P型半导体堆叠的方式取决于它们之间吻合的程度。在半导体中，电子在原子间流动所耗费的能量与电子从一个能级跳跃到另一个能级间所需的能量的差被称为能隙（band gap）。

能隙是我们分层排放材料的依据。光子最先打到的那层材料一般是N型半导体，最底层一般是P型半导体。这个三明治最后有两根引线，所以我们把这个半导体装置称为二极管（diode），取自希腊语“两条路”的意思。掺杂能够催生电子。当来自太阳的光子打到电池板上时，电子释放，流向另一极。光子的能量就转化为流动的电能。这是量子物理在发挥作用，太神奇了。

尽管太阳能是免费的，但利用太阳能发电需要细致的工程设计。我在太阳能灶上烤司康饼时就有这种体验，太阳光的能量比你想象的还要分散。为了获得大量电能，你需要许多太阳能电池板。正如你能想象的，制造大面积太阳能电池板很复杂。有些太阳能电池板由单晶硅原子组成，有些电池板由硅原子随机（多晶硅）组成，这种电池板比单晶硅组成的电池板便宜一些，不过效率不够高。

提高效率可以让你用更小的太阳能电池板或者从相同尺寸的电池板中获得更多电能。我有一块从不需要上发条的手表，它是块太阳能手表。表盘就是一块太阳能电池板，效率大约是10%。90%的光子击中表盘后，要么被反射，要么变成了热能。我家的太阳能电池板是多晶硅电池板，效率大约为15%。太空船上的电池板通常是多结单晶硅电池板。这些半导体三明治的效率可高多了，能达到40%。

目前，太空船上的太阳能电池板对一般家庭来说太昂贵了，不过随着这个行业的竞争日益激烈，当更多人意识到气候变化的威胁时，高效太阳能电池板的价格将会下降。这其实已经成为现实了，这还得归功于中国大规模制造太阳能电池板。想想看，这对普通家庭或者电力公司意味着什么吧，如果他们可以使用比目前电池板效率高3~4倍的太阳能电池板，太阳能发电站发电量的比重将翻上3倍。

材料科学家正积极寻找更好的方法来获得光子，以推动电子。由于不同频率光子的能量特性不同，而且它们与掺杂硅相互作用的方式不同，对于光子激发电子，我们的认识已经达到了理论和实践的极限。用更浅显的话来说，我们可以让太阳能板只对特定颜色或特定频率的光工作。50%的太阳能以不可见红外光的形式到达地球。如果我们可以调整太阳能电池板，用波长更长、能量更低的光子来推动电子呢？在不久的将来，我们将能做出特制金属的纳米点，捕捉特定能量的光子。从理论上来说，金属纳米点可以层层叠加，每一层捕获不同能量的光子，从而更好地利用整个太阳光谱。

除了太阳能电池板的效率，我们还要考虑价格。如果我们想用太阳能发电替代今天常用的煤电，人们必须能消费得起才行。研究人员开发了基于塑料的有机材料，这种材料的性能与光伏电池板一样优异。这种材料的效率虽然不像传统的硅晶板那样高，但是便宜很多，更多人用得起。其他团队正在开发喷涂型太阳能电池，你可以将涂料喷在建筑物上，将其表面变成一个巨大的太阳能电池。想象一座每栋建筑都能发电的城市，潜力是惊人的！

太阳能发电量迅速增长，但仍只占能源总量的一小部分。现在，美国的电力只有0.4%依靠光伏发电。在德国这个阳光不是特别明媚的国家，近7%的电网由太阳能供电。天气晴好的话，在太阳能发电高峰的短短几个小时中，太阳能的发电量可能超过德国能源供应量的50%。尽管如此，德国仍然在进口化石燃料。由化石能源过渡到太阳能是一个漫长的过程，但不管你有多么愤世嫉俗，光伏发电技术在美国和全世界的前景是广阔的。

太阳能的美妙之处在于它可以小规模地开展。就像我手表中的太阳能电池或者我在家中安装的4千瓦太阳能电池板，美国的许多家庭都在做同样的事，自己发电，减少电费。在一些地方，市民甚至还可以把多余的电卖给电力公司，供给大电网。独立太阳能对于发展中国家特别重要，因为那里有许多人还没有连上电网。有了便宜的光伏电池板，他们不需要电网就能用上电了。当然要使这个方法成为主流、可靠的方式，他们需要电池（我在后面的章节会谈得更多）。

不过有些太阳能规划者并未着眼于小规模的家庭用户，而是往非常、非常大的方向想。有一种太阳能电池板的应用在我上工程学院的时候就已经被提出了。理论上，收集太阳能可以在云层甚至在整个大气层上方的外太空进行，然后再把能量集中传输到地面的天线上。太空太阳能光伏电池板将在大空间尺度上收集太阳能。我见过一些方案，他们要在地球轨道上建造几千米长的太阳能电池板。

然而，把部件送到地球轨道上需要发射好几趟火箭，还要在寒冷的太空中把部件组装起来，即使我们假设这些都可以实现，这个方案还要把能量以微波束的形式传输下来。可见光的波长以纳米（1/10亿米）为单位衡量，光谱中段的绿色光波长是550纳米。微波的波长以厘米（1/100米）为单位来衡量。粗略地说，微波的波长是可见光的10万倍。因此，微波必须在直径达10千米甚至100千米的巨大天线上着陆。

能量密度是可以控制的。人必须搬离天线所在的区域，不过如果你在天线附近逗留，也不会觉得如同坐在微波炉里被加热一般。你可能已经发现家用微波炉的玻璃门上有一块金属板。金属板可以反射微波，就像镜子能反射可见光一样。由于微波的波长较长，根据量子力学，微波会在穿孔金属上反弹，或者被金属筛网上几厘米大小的孔洞捕获或吸收。

太空太阳能（space-based power）的想法是在大气上空收集太阳能。大气上空的太阳光是连续的，我们可以捕获整个光谱的能量，太阳能传到地面后可以直接转化成电能。这可是个大工程，而且是个好主意。不过这项计划实践起来存在一些大问题。首先，把巨大的太阳能电池板送上轨道需要许多火箭，这可不便宜。想想我们在轨道上维护一个太空站有多麻烦吧，一个国际太空站的运行每年需要花费30亿美元。俄罗斯的“和平”号空间站（Mir space station）在轨道上运行不到15年就因经费问题被迫坠入大气层。空间站只在轨道上运行这么短的时间太不划算了。因此，必须对空间站不断修正，不让它脱离轨道。在重力接近零的太空中，操作一个直径10千米的大家伙实在不是一件容易的事。

在哪里放置收集天线也是一个大问题。放在美国版图的四个角——犹他州、科罗拉多州、亚利桑那州和新墨西哥州的交界处？也许吧。几乎没有人可以靠近天线，飞机也必须避开它们。我可以想象未来将会为此出台一大堆环境法案。另外，如果出了任何小差池，你都必须前往太空，在太空太阳能电池板不断通过大气把能量输送下来时修复它们。在我离开太空太阳能这个话题前，我必须再次指出：总的来说，太阳能是我们已知的最分散能量。因此，汇聚太阳能再重新分配其实听上去不太合理。我们学到了重要的一课。

当你想在一个地点集中发电时，太阳能分散的特点才会成为一个问题。不过如果你想要每栋建筑给自己供能，想要整座城市建立自己的电网，想要没有连上电网的几十亿人用上电，这个特点恰好可以成为一个大优势。从旧工业时代角度来看，太空太阳能系统具有明显的劣势，但从伟大下一代的角度来看，它恰好具有优势。

我对各种太阳能的未来都持乐观态度。它们能为几十亿人类发电。太阳照射着地球，无论是汇聚太阳能产生高温来驱动涡轮，还是在光伏发电系统中直接把太阳能转化为电能，太阳能都是免费的，无碳排放，且无处不在，取之不竭。事实上，还有第三种太阳能——非常有趣的一种，我在这章没有提到，它就是加热空气并使其运动的太阳能。

如果你紧紧跟随我的步伐——我确定你做到了——你应该抓住了我的希望：我在谈风能。就获取丰富且对气候友好的电能来说，风能是另一种充满希望的能源。

13

答案是风吗

直到今天，我还爱放风筝。让风帮你干活有一种特别的乐趣。还有什么比和女朋友一起划帆船更浪漫的事情呢？划多远都不会被发动机声干扰，无论你们是在聊天还是做其他事。啊……我说到哪了？哦，对，风能。

风在吹，是因为太阳光加热了地球和大气，受热的空气被周围的冷空气排挤上升。每一阵微风中都包含了太阳能和热力学定律。想象你是一个热空气分子，在整个地球范围内，你总会发现周围有些比你冷的空气在排挤你，把你抬起来，就像热气球一样。这迟早会发生，因为地球在旋转，地球的转动使地球总有一面朝向太阳，另一面朝向寒冷黑暗的太空。风能对我们来说是免费的，由太阳的热能和地球的原始自转共同驱动。

风能在很多方面和太阳能类似。在人类可以预计的将来，风都不会停止吹动（直到50亿年后太阳不再加热地球大气时，风才会停止）。如果不考虑收集风能的建筑的能耗，风能不产生碳排放。和太阳光一样，风遍布整个星球。如果我们能大规模利用风能，运行整个发达国家好几次都没问题。小规模利用风能非常简单，不过大规模应用就需要严谨的科学论证了。

美国现在4.5%的电能都靠风力供应。在税收优惠政策的刺激下，这个百分比增长得很快。据风能的从业人员所说，到2030年，风能将能满足美国20%的能源需求，当然他们也能分到一块大蛋糕。作为一名曾开车走过美国中西部的工程师，我认为这个数字是可靠的，而且只是保守估计，是一个低估值。看着这个数字，我相信美国还有大片区域没有安装风力涡轮，特别是海岸线附近。美国人只是需要决定风能是否值得投资。

对很多人来说，“风能”这个词会让人联想到荷兰标志性的四叶风车。荷兰的许多企业都把荷兰风车加入商标和广告中，如面包、礼品店、啤酒。或者你还会想到美国农场上的新式金属叶片风车。据说那些风车和带刺铁丝网已经驯化了美国西部的土地，因为农民可以用到地下水了。这里用到的主要技术是现代风涡轮，那些巨型三叶发电机在美国和全世界越来越普遍。

风力涡轮的每个叶片就像机翼一样与流动的空气接触。叶片的一侧压强比另一侧高，因为叶片是倾斜的，具有迎角（angle of attack）。叶片顶端和底部或者前侧和后侧的压差推动了叶片。想想放风筝时的美妙感觉吧，你能感受到风的推动。现在想想用这个推力做功，产生有用的能源吧。为了达到这个目的，力必须作用一段距离，所以为了从风筝获取能源，第一步我们要研究轴上的线。

当风筝顺着风飞时，会拉动轴上的线，如果将轴连接到发电机，这个装置在线被拉到底之前可以一直工作。只要有流动的空气，风筝可以一直稳定地飞。我们并不能把风产生的所有能量都收集起来，风力涡轮也一样，部分风穿过叶片不做功。你大概可以感觉到这一点。风筝线可能会断，或者线轴不小心飞出你的手。当风筝不再飞了，它会顺着风飘一阵，然后挣扎着掉到地上，或者挂在查理·布朗（Charlie Brown）①的树上。

你也可以这么想：在帆船上，帆能扬起是因为上风面的压力大于下风面的压力。同样地，如果风车叶片下风面与上风面的压力相同，什么都不会发生，叶片不会旋转。直升机顶上如果安装的不是旋转的叶片而是一片像光碟一样的圆盘，那直升机飞起来就会像一只扁平的降落伞而不是一架推进器。如果叶片上风面、下风面之间没有压力差，就不会有升力或推力。不过叶片上下的风速要多快呢？压力差多大才足够？这些问题套用我们工程界的行话来说，“值得分析”。

1919年，一位名为阿尔贝特·贝兹（Albert Betz）的德国工程师对涡轮和推进器做了精彩的分析。他的分析可以充当我们的指南。空气或者水分子的动能等于平均速度乘以平均动量，功率是指能量消耗或产生的速度。贝兹意识到上风面的空气被挤压以穿过涡轮转子旋转通过的圆圈。他提出了一个性能系数或功率系数，它可以描述理论上可以得到的最大风能。在理想情况下，下风面风速是上风面风速的1/3。然后利用微积分和代数知识，你就能计算出能量和功率的理论上限（不需要推导）。

---

① 美国漫画《花生漫画》（*Peanuts*）中的人物，喜欢放风筝。——译者注

贝兹的计算表明，你能得到的最大效率是16/27或者59.3%。他发明了一个有用的术语——性能系数，它经常被称为贝兹极限（Betz limit）：$C_{P_{\max}}=59.3\%$。根据贝兹的分析，在得克萨斯、丹麦、加州、英国、艾奥瓦州，旋转风车的风能与动能之间的转换效率都不会高于这个值，这就是贝兹定律。

贝兹定律中之所以蕴含一个上限是因为涡轮的叶片数是有限的。你可以假设叶片数越多，转换效率越高。按照这个逻辑，你可以想象一个叶片有很多的涡轮，随着涡轮的叶片越来越多，风无法通过，风车就无法转动。这时的风车就像一顶降落伞或一堵墙，什么都做不了。为了得到最佳叶片数，工程师计算叶片在给定时间内或在特定旋转速度下每次转动扫过的面积。他们的基本思路就是在不违反贝兹定律下尽可能捕获更多风。

贝兹极限可以解释现代风涡轮的独特外观。大型涡轮叶片的尖端速度非常快，达到每秒80米。注意，这只是尖端速度。实际叶片间的风速只有尖端速度的1/5。风车每分钟转20圈，也就是3秒转1圈。这些风涡轮都是非常强大的机器，它们的输出功率高达1.5兆瓦，而且没有二氧化碳排放。

为了最大效率地利用风，工程师努力优化涡轮的叶片数。在推进器或者涡轮中，叶片毂中心附近的扭矩最大，叶片尖端的扭矩最小。在中心处，叶片的迎风边遇到空气分子的速度比尖端空气进入的速度慢许多，就像老式留声机外围转动得比唱片中心标签快一样。你可以在贴纸上写几个字，然后将其贴在唱片的外围，然后比较一下读出这些字与读出中心标签的难度。

另外，高速运转的叶片给蝙蝠和鸟类带来了麻烦。鸟类看不到，蝙蝠的声呐系统也探测不到涡轮的尖端正朝它们迎面而来。

由于人们常看到鸟类和蝙蝠的尸体被涡轮叶片打得血肉横飞，风力涡轮机受到了抵制。对此，我必须说两点。第一，风电行业正在想办法让鸟类看到和避开这些高塔，让蝙蝠听到叶片的转动声并绕开涡轮。第二，也是更重要的一点，如果把煤炭行业间接杀死的鸟类和蝙蝠与涡轮叶片杀死的动物相比，你会发现两者完全没有可比性。采煤导致它们的栖息地流失，空气污染、酸雨破坏它们的食物。这些都远远超过了涡轮叶片带来的伤害。我并不是说涡轮的问题不需要解决，我只是说应该考虑化石燃料的大背景。

如果你见过现代涡轮螺旋桨飞机，看过老式飞机的飞行表演，或自己驾驶过强力的螺旋桨飞机，那你应该见过叶片能弯曲的螺旋桨。现代短途客机着陆时，螺旋桨会强力扭曲叶片，此时的螺旋桨就相当于刹车，几乎等同于降落伞，把空气往上推。这样的螺旋桨可以改变叶片与空气接触的角度——俯仰角。高挂在塔上的风涡轮配有重型齿轮，可以根据风速自动调整叶片的俯仰角，以最大化效率。风速越低，叶片的俯仰角越陡。这又是一个以更少资源做更多事的例子。一般来说，叶片在低风速条件下很难获得能量，但不断改变俯仰角的涡轮叶片获取的能量多于没有采用这一机制的系统。

现代的风力涡轮塔一般都高达100米，这主要也是为了提高效率。约翰·梅斯菲尔德（John Masefield）于1902年写了一首关于帆船的诗，其中有一句："给我一艘高大的船和一颗指引她的星星……"这句诗非常可爱，但一艘高大的船可不是个小要求。人们之所以建造高耸桅杆，在桅杆上安装很多帆，正是要利用海平面以上的风。在海平面或者内布拉斯加州的大草原上，风紧贴着海面和地面，形成我们所谓的边界层。离开地面，边界层的风速也越来越快。然后，突然出现一个高度——空气分子黏附在一起的趋势被风的主流冲开了。在这个高度，移动的空气分岔，要么进入边界层，要么进入主流层。

平地（如艾奥瓦州的大豆种植场）上空的边界层风速取决于气温的高低以及哪种气象锋面系统正在经过，通常为10~30米/秒。旋转风力涡轮的底部应该高于边界层。由于材料越来越好，组装风力发电塔的经费也越来越容易获批，工程师设计的风力涡轮塔也越来越高。自由女神像高93米，今天一座普通风力涡轮塔的高度是自由女神的1.5倍。涡轮叶片两端的长度是一架大型喷气式飞机机翼长度的2倍。这些涡轮机很贵，不过建造传统化石燃料火电厂的代价也很高昂。

美国风能的价格曾是5美分/千瓦时。在我写这本书时，风能公司与电力公司长期合作的价格已经下降到2.1美分/千瓦时。涡轮机的效率很高，而且现在涡轮机非常普遍。煤和天然气等化石能源发电的价格大概比风能发电价格的一半稍高——1.2美分/千瓦时。也就是说，如果只看能源本身的话，风能比化石能源贵一倍。不过注意：火电厂将温室气体和其他污染物排入大气中，几乎不用付费，相反，我们所有人都在为其买单。如果将全球变暖的花费也考虑在内，化石能源是最贵的一种能源。

到现在为止，我们所谈的风力涡轮机类似于飞机的螺旋桨，安装在塔上，这在传统上被称为水平轴风力机。它们转动发电机，而发电机安装在高于地面的地方，要维修就得爬到高处。上面还有庞大的齿轮链，巨大的电缆依靠它们下到地面或海底。这些都是巨型涡轮整体设计的一部分。

还有另一类涡轮，它们绕着像树干一样垂直于地面的轴旋转。

由于轴是垂直的，这些涡轮被称为垂直轴风力机。它们的主要优点是风从哪个方向吹来都无关紧要，涡轮总能被推动。水平涡轮总是安装在每日风向基本相同的地方，所有的设计都允许偏航轴有一点左右摆动。如果风向左或向右弯曲，整个发电机、毂和叶片组件都随之转动，就像传统的风向标一样，总是指着顺风方向。

这一点转动使水平涡轮塔的整个机械结构复杂化，但我们为了提高风能转换效率必须保留它。我们还必须纳入一个阻尼控制装置，防止发电机像单摆一样前后摆动。这是个可以解决的问题，但添加这个装置有点复杂。风向偏航轴会导致能量产出大幅降低。如果风垂直于轴的方向吹来，就像空手道砍劈一样，你马上会看到什么都没有发生，叶片没有旋转，风只是穿过叶片而已。

垂直涡轮就没有这个限制。不管风向如何，垂直涡轮总能运转。然而，贝兹极限仍然存在，没办法绕过。垂直涡轮的转换率一般低于水平涡轮。它们的叶片每圈只有一半时间是旋转的。因此，垂直涡轮现在还不是很普遍，至少现在还很少见。但是与高塔上的螺旋桨相比，垂直涡轮具有一些关键的优势。不管风朝哪个方向吹，它们都能运转，发电机在地面或海平面附近就能工作。所以建造大量垂直涡轮是非常合理的提议。这些垂直涡轮的直径长达几百米，它们每分钟可以转几圈，而且它们的发电机和机械装置可以下至海平面，不会被剧烈的风暴吹跑，也更容易检修。它们优雅的长悬臂非常吸引我。它们像一个平躺的字母V，顶点正好位于海平面之上。

还有人建议在雨水下水道和污水管道中安装垂直涡轮，以提取目前流失的能量。发电机可以安装在管道上面和外面，因为电子部件附近不能有污泥。这是非常聪明的做法！只要没有泄漏。

风向不是工程师面临的唯一困难，风速也是个问题。工程师在想办法攻克这些难题。没有亲身经历过的人会觉得不可思议——帆船的速度通常快于推动它的风。当一艘普通三角帆掌控的单桅帆船穿过大风时，航行的速度比风更快。这不是魔术，帆不仅仅是被风吹着走，还可以聚集一些风能。帆可以将风能导向与风垂直的方向。水（如果讨论冰船，那就是冰）使船浮起，帆聚集风能。没有海水或冰的支撑，帆是没用的，船就像那张从你手中飞出的钞票。

想想吧，玩具风车或者艾奥瓦州风涡轮叶片的尖端速度都要比风快得多。人们把大火车和旋转推进器连接起来，设计出跑得比风快许多的卡车和船，当然这么做主要是出于对科学的兴趣。这些疯狂的机器使卡车和船的速度快于风速。这是因为卡车和船从它们行驶的媒介——海水、冰或者地面得到阻力。例如，卡车轮胎能获得抓地力。我曾在西雅图住过很长一段时间。在西雅图，你可以见到一些帆船业余爱好者（或古怪的水手）在船顶部安装推进器收集风，在船底安装推进器搅动海水，可有趣了。船上和船下都安装推进器，可以让你的船逆风行驶，这是传统帆船做不到的。

根据“比风还快”的想法，有人提出把涡轮叶片在盛行风中来回运行的想法。这让人想起风筝爱好者两手各握一捆风筝线进行宽弧摆动的双线特技风筝。理论上来说，这样可以提取很多能量，因为叶片尖端的速度比推动它的风要快很多。这是追求丰富清洁能源的另一个值得探索的想法。未来能否证明其可行且有利可图，我们拭目以待。

收集风能从工程角度来看非常简单，不过风能和太阳能有同样的特点——它不能随时在你需要的时候为你供能，特别是在工厂用电高峰期，风基本都是静止的。足以推动涡轮的风能资源也不是到处都有的。除了水电坝，我们目前还没有找到有效的办法来储存城市规模的能源，所以美国的风涡轮都建在大平原上，远离城市。这又引发了一个问题：传输风能。现在风能业几乎都在非常高的塔上搭建水平涡轮，但如果以后所有地方都采用这种涡轮，我会很惊讶。不同配置的涡轮应该找到最适合它们的地方。我喜欢那个在海边搭建垂直慢速涡轮的主意。

建造高大涡轮的一个限制在于必须找到风稳定吹过的大片空地。有人提议先将风通过一些管道加速，再去推动为此专门设计的涡轮，可麻烦在于你不能凭空得到好处。与修建大涡轮相比，捕捉大量风并导进涡轮的效率更低，这同样是因为贝兹极限。但我们已经在不经意间建了许多不能移动的巨大通风管道，我指的是城市中的摩天大楼。在大楼之间穿行的风可以用来发电。这种方法的潜力不大，不过为城市生产清洁能源提供了另一种方法。如果摩天大楼能建得更美观，这种方法可能奏效，不仅能为当地电网贡献一点能源，还能作为一种公共艺术。

有人提议在荷兰的鹿特丹（Rotterdam）建造一个大型雕塑和发电结构。这项方案需要建立一个高200米的巨环，风会像在荷兰海岸那样平稳地穿过它。可以往风中喷射水滴，每滴水都会带上电荷。根据设计者的说法，风在静电场中对这些液滴的推动会产生可用的电流，从而为整个装置、酒店、移动平台的观景轮供电。这些能量主要来自风，而驱动装置的能量主要由结构中的太阳能电池板补给。这个设想很好、很疯狂。我不清楚它的能量如何平衡，它可能存在净损失，但仍然比静态电力生产的能量损耗少。设计它可能主要是为了展示风力发电的潜力，如果它能激发其他功能导向更强的风工程，那就更好了。

我在前面介绍风力涡轮的一些非传统应用时，还应该介绍一种完全不同的涡轮。这种涡轮设计在水下运行，靠水流或洋流发电。大型水下推进器或者涡轮可以锚定在比较深的河中，因为深处的水流比较强。它们产生的能量和水电站产出的没什么不同，但河流基本不受影响。由于贝兹极限和开放式涡轮叶片的能量损失，这些水下系统的效率没有大坝压力管道中的涡轮那么高。不过，它们只需要相对较小的地势落差，对环境影响也非常小。这是个吸引人的想法。

在法国，有一个潮汐能系统名为拦河坝（barrage），建于1966年。随着朗塞河（La Rance River）潮起潮落，潮汐的能量都被收集起来。朗塞河下建有一些管道，里面的涡轮可以持续发电8小时。和风不同，潮汐的时间可以精确预测，所以供能时间可以提前预知。和水电坝一样，随着时间的推移，潮汐能系统会遇到泥沙问题，也会影响生态系统，但它没有温室气体排放，也没有废料需要弃置。拦河坝是应用在特殊地点的特殊系统，不过世界上也许还有其他地方适合建造拦河坝。但到目前为止，化石燃料的低人力成本导致我们不去追求这类项目。

风、河流、洋流和潮汐为工程师、城市规划者、幻想家推动无碳可再生能源提供了选择。仅地球上的风就能够为几十亿人供能，让他们享受目前发达国家的生活方式。我们只需要找到方法储存风能系统产生的能量，就可以随时随地使用它，无论风有没有在吹。换句话说，我们要找到办法建立能源银行。

14

让电动起来

让能源工作是一回事，把能源送到你需要它或想使用它的地方又是另一回事。传输能源是件很平常的事，我们往世界各地输送石油，经常跨越整个大洲。不过这种方法是以火车和卡车的速度移动能源。电能有些不同。电能在电线中以光速移动，不过其中有所损耗，就好像油管或者油桶漏了一样。为了建造一个更高效的世界，我们需要找到堵住（双关语）损失的方法。这对于太阳能和风能尤其重要，因为这两种能源丰富的地方离电能需求旺盛的大城市比较远。在大城市里，建筑阻挡了风和阳光，人们无法就地利用太阳能或风能。

在许多年前一个焦躁不安的周末，我真切感受到了电能输送的旅程有多么长。那时我还很年轻，精力旺盛，我突发奇想来一次摩托车之旅。我觉得自己可以控制风险，也渴望冒险。我骑着我的小摩托，来到哥伦比亚河的大古力水坝。这座水坝的发电量是更著名的胡佛水坝的3倍。大古力水坝每年向外输送230兆瓦时电量，巅峰时甚至超过600兆瓦时。我在华盛顿州的西雅图居住了26年。我对从西雅图城市之光（Seattle City Light）公司收到的电费账单很着迷。在西雅图，90%的电来自附近河流——主要是建在斯卡吉特河（Skagit）和庞多雷河（Pend Oreille）的水电站。

我开始思考电从河流传输到我家的旅途有多远，大概几百千米吧。我开往大古力水坝，在电子镇（town of Electron）住了一晚。它真的令人叹为观止。我意识到如果我每天开那么远的距离来取能量（以某种未知的形式），然后再返回我的公寓，那是不可能做到的，但电子每毫秒都在做这样的事情。

电子工程师努力优化发电站和输电系统的设计，追求发电功率最大化，不过还是有科学极限的。我们对极限懂得越多，就越能提升电力系统——电网的容量。从高耸着电线的高塔到沿着墙壁传送电线的管道，再到家中的电器和电子仪器，电网无处不在。电的不同形式渗透到我们生活的方方面面。尽管提高电网效率需要做大量工作，但电线和电网的分布为我们提供了许多机会，因为电网无处不在。

想想你粉刷房子所要消耗的能量吧。不管是刷、滚还是喷，把涂料送上墙壁都需要消耗能量。我们假设你的能量和刷子在做功，然后研究其中的一些细节。当你粉刷房子的外表面时，从逻辑上来说，你应该从上往下刷，因为任何沿着墙滴下的涂料都可以在后面抹掉。这个行为里含有一条基本的物理规律。为了粉刷墙壁的上部，你必须把油漆桶举到高处，你自己也得爬上去，接着在梯子上面干活。换句话说，在你使用能量前，必须把能量传送到更高的地方。这个例子说明了自然界一条重要的定律：传输能量是耗能的。无论是搬运石油、在梯子上搬运油漆桶，还是通过电线传输电磁场，都是如此。

现在我们思考水流过管道的情形。在这个过程中，水因为摩擦损失了一些能量。水沿着粗糙的管壁流动，遇到拐弯或通过锋利的阀门时，它的动量方向会发生变化，损失的能量转变为热量。电的传输也会发生类似的事情，在导线稳定传输电的过程中，电子也会损耗。握住你手机的充电器，你会感觉到一些能量流失。把手放在一个老式白炽灯旁，你会感到大量热能的散失。在这种情况下，损失的能量如此之多，都可以烤一个小蛋糕了。因此，烤箱取得了巨大成功。

当电流只朝一个方向流动时，我们称其为直流电（DC）。当然，为了流通，必须有电路。不管怎样，在直流电路中，电流只有一个方向，就像钟表里的指针从来不会反向一样。手电筒和充电玩具用的都是这种电路。和水管中的水流一样，电线中会有电能损失转化为热能。为了传输更多水，我们需要更大的水管；同样，若要传输更多电能，我们需要更大的导线。不再追求更高水压，我们现在需要的是更高的电压。还有另一种电流，可以来回流动，可以改变方向，它就是交流电（AC）。

直流电和交流电产生了非常多的新词汇。同一种电能可以以两种不同方式传输，这为摇滚乐队和性取向的描述提供了灵感。

你每天都能体验电能的积累与移动。用气球摩擦毛衣、你的头发或别人的头发，然后把手背靠近气球，你就能感觉到无形的电场——你的毛发都竖起来了。如果你能看到电场，你会发现毛发竖起来的方向与电场方向相同。上述现象之所以发生，是因为气球的表面与你的皮肤之间有电荷差。这种差异是静态的，它就在那里，所以我们给它起了个名字叫“静电”。

这就引出了利用电场在两块互不接触的金属板之间产生电流的想法。想象两块被绝缘体隔离的金属板，空气就是最容易想到的绝缘体。接着想象这两块金属板被一组电池连接起来，于是一块金属板带上正电，另一块带上负电。这些电荷和两块金属板会一直存在。如果电池的电压大到足以把电子从金属板之间的空气原子中剥离，就会产生电火花，否则电池的直流电就无法流动。这是一种存储电能的方法，等到需要时即可使用。

现在假设金属板由变化的电场连接，电磁波的波峰波谷不断发生变化。你可以想象两块金属板之间会产生互补的电荷。电磁波的波峰占据其中的一块金属板，波谷占据另一块。记住，这些波是理解隐形能量场的关键。人们发现，在这种结构中，随着电场的产生和消失，电能可以无形地穿越绝缘体。一直以来，这种现象被称为电容（capacitance），金属板–绝缘体–金属板的装置被称为电容器（capacitor），绝缘体被称为介电体（dielectric，电的反面）。

全世界使用的电容器数量惊人。一台电脑、一辆汽车就有几百万个电容器，一块电子手表中也大概有几万个。电容器是最基本的电子元件。这听上去太疯狂了，电在移动却不会产生电火花，只是产生震荡的电场。

传输电能时，我们利用和控制电磁场。电线中发生的所有自然过程与迈克尔·法拉第（电先生）当年面对的一样。移动的磁场产生移动的电场，反过来，电线中产生了一个与整个星球交互的移动磁场。这中间有一处不太完美，当电能沿着导线移动时，导线与地面之间会发生能量交换。在一定程度上，由于输电线和地球表面间积累了电荷，我们会损失一些能量。这就如同橡皮气球表面或你手背上几千兆电子产生的静电场，只不过电网的功率要大得多，达到几百万瓦，分布在几万千米之外。

还有一个效率低下的地方。我们不能把任意电器连到任意输电线上，两者的电压必须匹配。你可能见过电压不匹配时产生的巨大电火花。我们用外包绝缘体的线圈缠住铁芯，做成变压器，将输电线上的高电压降至家中可以使用的低电压。变压器把交流电场转变为磁场，接着又把磁场转换为另一股交流电，为电器提供合适的电压。这是个神奇的小工程技巧，不过这一步也有能量损失。毕竟，世界上没有免费的午餐。

电能传输有速度限制，这也是大自然向我们征收能源税的另一种方式。我们创造了一个移动的磁场，磁场又在电线上激发了一个以光速运动的电场。当电到达使用端时，部分能量被用于运转电动泵、电视机或面包机，但由于是电流回路，电场的部分能量会回到水电坝、火电厂或者核反应堆。这一切都需要花费时间。当电路失去能量时，电场发生了微妙却非常关键的改变——磁场的波峰波谷与电场的波峰波谷的相对位置有所改变。这就有麻烦了。

在许多方面，电磁场穿过电线的方式与机械弹簧储存和释放动能的方式相同。电力公司把电送到你家吹风机时，部分能量马上转变成热量，部分能量驱动电动马达和风扇。马达上的线圈和法拉第实验室台上的线圈一样，会产生磁场。不过马达每转一圈，磁场都在不断形成和消失，能量也被储存和释放。这些被储存又释放的能量通过导线传回电力公司。许多年来，电力公司一直在马达线圈和磁继电器上损失能量，但他们也没有问为什么会这样。

这是一个积少成多的典型例子。在纽约、新泽西州、康涅狄格州和新罕布什尔州，每个磁继电器和马达线圈在磁场产生和消失之间都会损失一些能量。这些能量转化成热能，电力公司在无意间加热了整个世界（虽然只有一点点），损失了宝贵的电能。最终，电力公司想出了采用同步电器的方法。这就是现代插头有宽、细两头的原因。世界上每个地方的用户买到的电流相位几乎相同，电场在电力公司与用户之间像弹簧一样来回振动，电力公司因此大幅减少了能量损失。

目前，我们在传输电的过程中会损失6%的电能。这听上去好像不多，不过你算一算，6%意味着什么——意味着2万亿千瓦时，这足够维持另一座纽约城或者另一个蒙大拿州了。

很容易想象，未来每个家庭、工厂、农场使用的电器都将与电网的电路同步。这种电路将提高每个电器或工业设备的购买成本，不过从长远来说，这样的系统可以让我们以更少的能源做更多的事，长期成本也会减少，因为它节约能源。这种电路不是只有富裕的国家才用得起，世界上所有国家的电网都可以把它当成常规技术。

当发展中国家实现电气化时，企业与工程师、立法者可以合作，降低当地电网的能耗。这是小小的一步，却是创建一个更高效世界的关键一步。现在我们理解了问题的本质，你已经准备好，我会再向你呈现一些更大胆的想法。

15

爱迪生与特斯拉的电流之战

记得小时候，我曾测试过当真空吸尘器的插头只插进墙上插座一半时，同时触碰插头的两头会有什么后果。那是一场小型灾难。一瞬间，一阵电击传到了我胳膊上，我当时完全不知道发生了什么。插头突然咬了一口我的胳膊吗？一种无形的东西造成令人疯狂、令人毛骨悚然的疼痛，太可怕了。我记得我父亲当时自豪地指出我这次110伏的触电经历非常有价值。那是50年前的事了，但我还清楚地记得那次电击，你的骨头其实不会像一些卡通片描绘的那样发光。

这些年来，我做了几次实验。我试过从哥哥的电动火车上触电，也曾经用舌头舔9伏的电池。每次经历都让我深深体会到那具有魔法般能量的隐形电。我非常疑惑：触电或者不触电是怎么回事？电是怎样从一个地方传到另一个地方的？这些问题的答案对我们提高美国和全世界的电网效率至关重要。看看你家吧，到处都是流动的电。电流被电场中的能量以及导线和空气中的隐形波驱动。

我们可以从墙上电源和电池组说起。你自己大概就有好几个，有些读者也许有几十个。我想你可能注意到了，不论你对电脑、手机、电子钟、充电式自行车的前灯、电动牙刷的插头做什么，你都不会经历我之前描述的那种电击。墙上插座的功率是这些电子设备的好几倍（你甚至可以重复我小时候对电子设备所做的实验，我已经试过很多次了）。

电子设备的电源或电池组将家用电压降到非常低的水平，电器只消耗它需要的能量。这是个很巧妙的设计，利用了电压与电流、伏特与安培之间的特殊关系。在直觉上，你知道水管越大，水流越大。同样地，导线越粗，它携带的电流也越大。不过记住，铁、钴、镍、钕或钐块越大，它们携带的磁场越强。铁无疑是最常见的金属。在这些材料中，磁场流动如同水在水管中流动、电在导线中流动。我们用“磁通量”（magnetic flux）流过“芯”来描述这一情景。这是另一种天然“管道”中的磁场。

每种材料都能携带磁场，横截面积越大，流过的磁通量越多，这是物理或自然的另一特性。只要你花时间去理解，一切都讲得通。在墙上电源中，我们把从插座接出来的绝缘导线绕在一块铁片（或者变压钢——铁加一点碳和硅形成的金属）上。导线可以在铁片中激发一个磁场。我们让磁通量流向铁片的另一端，然后用另一种导线把这一端缠上。这种方法非常有效，简直令人难以置信。

如果我们把从墙上接出的导线绕铁片缠上20圈，再把连接你手机的导线绕铁片另一端缠上一圈，你手机接收到的电压将是墙上电压的1/20。如果墙上电压是120伏，那么手机将得到6伏。控制导线缠绕铁芯的圈数就能得到你想要的电压和电流。

记住，天下没有免费的午餐。你不可能得到大于输入的功率（电压与电流的乘积），因为有部分能量会以热能损失。毫无疑问，充电器充了一会儿电后会发热。这种损失归因于电力公司交流电电场的连续变化。变压器中的磁场作用于芯材料中的分子。在材料科学和物理领域中，有一个美妙的词叫磁滞（magnetic hysteresis），说的就是分子不能自发回到原来的状态，总是朝两个方向推动。磁滞意味着金属中的磁场将一些磁能转化为热能。

变压器中的钢是特制的，研究人员（在这个例子中是冶金专家）发现在钢中加一点硅，然后把钢卷成细薄片轧制，可以大大提高变压器的效率。通过这种轧制和处理，冶金工人可以将变压器损耗的能量减少30%。这是个很大的数字，就像只因为你小心地对待钞票，不折起任何边角，你的钱包里就有了13美元而不是10美元。变压器无处不在，它损失的能量越少，我们的生活就越好。这是另一个可能取得重大突破的研究方向。

除了热量损失，许多电子设备同时插上电源也会浪费很多电。在不久之前，一些设备（比如我家的老电视）在正常关机时要消耗10瓦能量。现在有一场运动要求电器在待机模式下的用电少于0.5瓦。这是维持电视机调谐器或微波炉和咖啡机上的钟运行所需的电量。全球有数十亿台电器，它们轻易就浪费数千亿瓦时能量。有时这被称为“无负荷”能耗或“吸血鬼”能耗，我更喜欢后面这个表达方式。每个插头有两个尖头，就像吸血鬼的獠牙，从我们的电器中吸血。哈哈哈哈……这个问题亟须解决。让吸血鬼只吸0.5瓦电而不是10瓦或者15瓦将是个重大突破。然而，如果我们可以做到0.5瓦的1/10呢？如果真的能实现，我们不需要就核反应堆或风涡轮做任何决定，就能节约几十亿千瓦时的电能。

上下调节电压的能力对我们整个工业社会而言非常重要。这是如此之多耗电不同的电器能同时运转的原因。我们发电的电压很高，例如大型水电站涡轮的电压为50万伏。经过电线传输，电压降到880伏并被送到社区。在送到你家前，电压又进一步下降。如果我们不能改变电压和电流，世界一定会变成另一番模样。

我已经谈了输电的几个内在低效之处。在我写作这本书时，涡轮发电量占据了总发电量的绝大部分，火电厂、核电厂和水电厂都用涡轮产生交流电。工程师常常用波来描述这种电流。地铁、自动扶梯和电动开罐器的旋转马达都与这种波相连。这种波与地球表面会产生电容，所以电线总是架设得很高。不过如果我们不产生这些损失呢？如果有更好的输电方法呢？

在过去的150年中，我们的整个电网传输的都是交流电，这要追溯到输电历史的开始。你可能听过托马斯·爱迪生（Thomas Edison）和尼古拉·特斯拉（Nikola Tesla）竞争的传奇故事，那被称为“电流之战”。爱迪生和特斯拉分别支持直流电和交流电。如果是点对点输电，直流电会更高效，但从实际操作角度来说，如果采用直流电，每个节点的电压都必须相等。世界选择了交流电是因为每个节点的电压都可以根据需要上调或下调。美国大古力水坝的电压为50万伏。在送到用户之前，电经历了长途跋涉和好几次降压。你可能注意过电线杆上的罐头状变压器，它们负责将电压降至家用标准。

由于我们在发电机周围的三个扇区中产生和传输电能，我们以一种方式接线可以产生110伏电压，用另一种方式可以得到220伏电压。功率较大的家用干衣机肯定用的是220伏电压，而其他一些电器的工作电压基本上都是110伏。这就是优雅的电子工程。

最后，我们选择了特斯拉的交流电，但最终主导发电行业的公司却以爱迪生的名字命名。无论你支持这场科学争论的哪一方，与特斯拉相比，爱迪生是一位更成功的商人。爱迪生死时拥有很多财富，而特斯拉穷困潦倒，但他们两个都是天才。特斯拉可以发明这种惊人的电流传输技术，却无法或没有注意到可以以此发明为生，他是不是真的聪明呢？这段历史总是困扰着我。爱迪生到底是个奸商，还是个好人？特斯拉是过于聪明以至于缺乏常识吗？我不敢说。历史总是矛盾的。不管怎么说，今天交流电和直流电并存。在特定场合下，哪个更合适就用哪个。

回到我们的电能：上调电压如同提高水管里的水压。如果你要高压，就要挤压水管的喷嘴，想要更多水流，就打开喷嘴，但不管怎么样，能量和功率都是不变的。你不能在不加大功率的同时获得高水压和大水流。电传输也是同样的道理。电磁场的频率或转速取决于发电机的涡轮转速，但变压器可以让我们提高或降低电压、电流。把这与爱迪生直流分配的原始想法相比，距离发电站越远，用户得到的电压越低，而直流电无法改变电压，所以爱迪生的用户获得的电压无法改变。

谈到交流电，我们会在高电压下将电流传输很长的距离，所以还有个大问题：在传送过程中，部分能量损耗在电容和热量上。因此，就长距离输电而言，直流电更高效。我们不需要担心巨大电磁场的能量被地球表面吸收，只需对直流电线采取足够的绝缘措施，避免能量损耗在电容上即可。为了理解绝缘，请想象一个波不断被拉伸直到变成一条直线，那就是直流电。想象两块电容板相距无限远，没有能量或电荷可以聚集在任何一块板上，这就是直流电传输的图像。世界上只有几十条高压直流输电线，它们确实比交流输电线效率更高。不过在某些时候，有人想把巨大的直流电转换成交流电，这可不是一件简单的事。

直流电无法解决所有问题。而讽刺的是，我们必须管理电力。在直流电传输的每一端，我们都要进行直流电和交流电的转换。在水电站，我们必须把涡轮产生的巨大交流电压和功率转化成直流电。为此，我们利用巨大的电子设备，将电流方向瞬间反转。最初，工程师把电子涡轮充满氖气、氙气和汞蒸气，这些气体在涡轮里充当绝缘体。当电压达到一定值后，气体瞬间被电离，电流得以通过，这个设计被称为晶闸管（thyristor）。现在我们使用可控硅整流器（silicon-controlled rectifier，SCR）来做同样的事，这是高效的直流输电网中重要的一环。

不论如何传输电——直流电或交流电，我们都要和高于地面的金属导线打交道。再好的导电体都存在电阻。因此在输电过程中，总有部分能量以热能的方式损失。金属等材料在受热后会变软。将一支蜡烛放在冰箱冷冻室，将另一支放在厨房里。几分钟后，厨房里的蜡烛会变软，输电线也是同样的道理。受热时，它们会因自身重力而下垂，于是横截面积变小。这和拉长镶玻璃用的油灰或者比萨饼生面团是一样的道理。把生面团揉成条状再拉伸，面团会变细而且下垂。

现在的大多数输电线都是在铝中添加钢丝或玻璃纤维绞线制成的。胡佛水坝的旧电线是由铜制成的。实际上，铜的导电性比铝更好，只是更贵。因此，一些人起了贼心，把铜从施工点偷出来卖。另外，铜比较重，如果要翻山越岭架起几百米的电线，导线的重量就变得非常重要。支撑塔要变大，安装支撑塔的机器也会变成庞然大物。因此，在每个点上，我们都应该做得更好，输电环节的任何小改进都能带来巨大收益，因为我们每时每刻都在用电。

传输电磁场时还有一点要考虑。电场和能量从导线的最外层通过，就像穿过导线的“皮肤”一样，这被称为趋肤效应（skin effect）。交流电线的形状可以抵消趋肤效应，不过任何导体都有表面，有“皮肤”，要设计出正确的形状并不容易。1935年，胡佛水坝使用的是巨型中空的铜导线，那是当时最先进的技术，也是制造业的奇迹，不过成本高昂。目前，输电线路通过成组悬挂导线的方式来有效地处理趋肤效应。当发电机产生3股相位不同的交流电时，每股电流流过一捆导线，它们互相平行，就像散开的头发一样。它们比中空的导线便宜多了，只是不那么有效。

然而，这种输电方式存在三个缺点。假设某天很热，工厂、办公楼、学校、家里都要开空调，电能的需求很大。电流通过导线时，导线因发热下垂，进而变薄，于是导线的横截面变小，可供电流通过的皮肤周长也变小了。结果导线变得更热、更薄。热天大负荷用电对现代交流电输电线设计而言是重要而棘手的问题。

正如我在上一章提到的，美国能源信息管理局（U.S. Energy Information Administration）估计，电传送过程中至少损失了6%的电能，这足够整个州用了。这些被浪费的能量变成了热量，辐射到外太空。如果我们可以开发出无损耗的输电线会怎么样？如果我们利用其他物理定律的优势呢？如果我们找到不浪费这24,600亿千瓦时电能（这还只是美国一年浪费的电）的方法，我们不就能改变世界了吗?

查一查吧，或许真的有另一个物理领域能让我们做到这一点。如果你曾经做过核磁共振或者从核磁共振仪旁边走过，你应该听到过“梆梆梆”的声音，那是冷却液氦的泵发出的声音。在低温下，铜导线几乎没有电阻，电流可以在导线里一直穿行，不受阻碍。这似乎违背了我之前详细论述过的所有物理法则。这种现象被称为超导电性（superconductivity）。利用这个性质，人们可以利用足够高的电流来激发足够强的磁场，使粒子达到光速，这正是位于瑞士的欧洲核研究中心（CERN）的粒子加速器采用的原理。

最近，德国埃森（Essen）的两个电站之间架起了1千米长的超导电线。它被称为高温超导电缆，但是这个高温是相对的，那些电缆仍然要冷却至-140摄氏度左右。这个温度和液氮的温度差不多，但比液氦的温度高多了。这个工作温度把很多麻烦都简化了。不过要保持导线低温，需要额外的电能。没有持续运行的降温设备，导线很快就会变热，就像你在烤面包机里看到的一样。不过面包机的功率大到足以瞬间气化所有的导线和冷却剂，在埃森这座50万人居住的城市引发规模不小的爆炸。

另一个改善这个系统的办法是利用碳元素的神奇性质。2005年，我见到了里克·斯莫利（Rick Smalley）。和这本书的许多读者不同，斯莫利曾经获得诺贝尔奖。据他说，莱斯大学（Rice University）的天文系曾在星际空间发现了人类无法理解的分子。他们对星光进行光谱分析，发现了碳元素的踪迹——有一段光谱具有一氧化碳的光特征。不过令人困惑的是，这个分子不像一氧化碳的分子。斯莫利说有一天他在半夜三点醒来，突然意识到了天文系的同事发现了什么。它是一个碳分子，但不像以前人们发现的任何物质。它不是碳和氧结合的分子，而是纯碳。它的原子组合成球状，类似于传统足球的皮革图案——六边形的白色皮革与五边形的黑色皮革无缝拼接在一起。

斯莫利以著名建筑师巴克敏斯特·富勒（Buckminster Fuller）的名字将这种碳分子命名为富勒烯。富勒的建筑以球形屋顶和轻巧优雅的结构而闻名。斯莫利的梦想是制造出与巴克球（富勒烯的俗名）直径相同的碳原子管。通过在事先预备好的"碳原子汤"中把巴克球分成两半，斯莫利的实验室制造了直径只有几纳米的碳管——纳米碳管。斯莫利和他的同事做了仔细的测量，发现这些分子比钢铁还要坚硬1万倍，但是重量却只有钢铁的1/6。实在太神奇了！

等等，还有呢。斯莫利意识到如果我们用这种纳米碳管制造几米、几千米甚至几千公里长的输电线，电子的传输将变得非常美妙。在纳米碳管中，电子穿梭变得非常简单，在管的一端睡一觉，醒来时已到达另一端，其间完全没有阻力。这是量子力学的效应之一。量子力学专门研究亚原子的物理特征和亚原子之间奇怪的相互作用。

现在我们只能生产50纳米长的纳米碳管，斯莫利的梦想还没有实现，不过如果我们倾注更多的智慧和金钱呢？如果我们解决了纳米碳管用作电线的相关工程问题呢？我们将改变世界。我的朋友，地球可不缺碳。我们可以迅速拆除现有线路，回收有价值的铝和钢，从而大大降低输电成本。这真的会改变世界。和斯莫利的电子一样，我们梦想这一天的到来。正如斯莫利在10年前对我所说的，未来的关键不在于以更少的资源应付度日，而在于以更少资源做更多事情。电容传输会浪费电能，加热地球土壤，但这些独一无二的纳米碳管可以帮我们跨出一大步。

如果这项技术得到广泛应用会怎么样？如果你家的所有导线都没有电阻呢？如果每辆地铁和通勤列车的每根导线不再需要不断提升，只需要将电能从一端输送到另一端会怎么样？这节省的能源将多于6%。我可以想象那将是6%的2倍、3倍甚至10倍。正如老话所说，有两种变富有的方法：赚更多钱，或者花更少钱。如果在未来我们以更少的能源实现我们现在正在做的事情，甚至做更多事情，那世界上所有人都将变得更富有。

16

改变世界的电动汽车

每次我驾驶自己的通用EV1电动汽车载朋友时，他们都会露出电动汽车圈子里人所说的“EV笑容”。我的手套箱中有一本小本子，上面记录了所有我载过的朋友的名字，而且我在每个人的名字旁都速写了他们的笑脸。这些微笑始终如一。只要你开过电动汽车，你就不想再开其他车了。当然，你可能知道，电动汽车还存在一些局限性。现在的电动汽车充一次电还不能跑很远，但这点在不断改进。我的EV1充一次电仅能跑80千米，而最近我开的特斯拉S（Tesla Model S）一次可以跑500千米了。电动车技术的上升势头非常好。

通用汽车公司（General Motors）开发EV1车型看起来只是为了迎合加州的法律。经过一番成功的游说后，加州政府放松了监管，然后通用公司决策层在1999年放弃了EV1项目。他们真的销毁了许多人喜爱的EV车。也许正是那个决定催生了电影《谁消灭了电动汽车》（*Who Killed the Electric Car*）？通用公司的管理层曾冲动地将EV1的原型命名为“Impact”（冲击）。当我听到这个名字时，我不禁想起父母说过的话：“常识并不那么普及。”为什么不把这款车型命名为“Crush”（撞碎）？我甚至听到销售解释说“Impact”是个好名字，“……因为这款车将冲击汽车市场，去除混乱的概念……”。噢，我离题了。

不管怎么说，EV1是一款性感的车，不只是因为它看上去很酷，还因为它为汽车和能源的关系提出了完美的新定义。驾驶传统的汽油车，你要不时地加油。如果你驾驶的是柴油车或燃烧压缩天然气的车，面对的情况是一样的：你必须使用排放碳的化石燃料，你唯一可以控制的是开车的频率和小心驾驶。但在电动汽车中，一切都是电子，而且每个电子都是一样的（至少目前我们可以这么说）。如果EV1汽车充的电来自煤炭，那就相当于把车接入了火电厂，不过如果电来自风能和太阳能，EV1汽车马上就变成了一辆真正的零碳车。最重要的是，如果当地公用设施越来越绿色，你的车也会变得越来越绿色。因此，你不需要改变什么，只需关心你的电子就行。

所以你看，EV1电动汽车最棒的部分是它的电池。不幸的是，这也是它最糟糕的部分。我用过第一代电池几个月。每跑80千米就要充电一次是一个硬伤，那还是在你驾驶方式非常保守的前提下才能跑80千米。车上的电子仪表设计得很优雅，发动机也几乎没有噪声。驾驶EV1电动汽车时，你轻踩油门就会感觉速度很快。不过在洛杉矶，单程40千米是常有的事情。我经常要去来回程超过80千米的地方，这意味着如果路上没有充电站，我就回不了家。所以电池的储电量是个重要的问题。EV1电池的造价成本也很高。据报道，EV1电动汽车是通用公司亏本的项目，是一个慈善项目。这显然吓到了通用汽车的管理层，所以他们放弃了EV1项目。

其他公司也加入到了电动汽车市场中，因为电动汽车的概念太棒了，相关技术也在飞速进步。最近我租了宝马的迷你库珀电动汽车（Mini Cooper Electric）。正如孩子所说，“一切都太棒了”！我开了它一年。我还试驾过雪佛兰沃蓝达（Chevy Volt）。自愚蠢的通用汽车管理层放弃了EV1项目在电动汽车领域奠定的巨大领先优势后，这款车算是他们最棒的产品了。我还开过3年日产聆风（Nissan Leaf），那是一辆可爱的小汽车。我也很喜欢大众高尔夫（Volkswagen E-Golf）。福特公司生产的福克斯电动车（Focus Electric）也是一款成功的车型。宝马i3是另一款热门车，它有一个备用的小型内燃机来补充电池的不足。特斯拉真的很棒，不过价格还太贵——至少现在是这样。

如果要提高转速①，等等，我是说给电动汽车提速，你只需要按一个按钮。我经常驾驶聆风、高尔夫或宝马i3上下班，从我家到行星学会（Planetary Society）来回大概是50千米，需要消耗10.5千瓦时电能。判断电动汽车能耗的方法和看家里的用电账单差不多，不再通过加汽油的方法。只是上下班的话，我从不需要担心车上的储能系统——电池。不过如果我驾驶聆风从我家到洛杉矶国际机场，然后再到行星学会，我总是有点紧张，因为要在路上找地方充电。有天晚上，我一直开到电量不够再跑2千米。

① 普通汽车的旧术语。——译者注

如果带上所有电池，这些电动汽车非常重。尽管如此，我脑子里想的还是把我的车撑到最后几个长度如足球场般的街区。那天晚上电量撑住了，不过我在路上一直都非常担心。再来点料：最近我在大众高尔夫上也做了同样的事。路上很有趣，不过这对于你和乘客之间的友谊绝对不是一件好事，他们只想安全到家。

为了消除这种焦虑，宝马i3上备有能开50英里的汽油，这些汽油能让你在紧急情况下坚持到充电站。我测试过，我可以无缝切换到汽油的模式，什么都感觉不到。如果开的是速度飞快的特斯拉，50千米的上下班距离需要消耗的电量为14.6千瓦时，增加了25%，但为了补偿其能耗大的弱点，特斯拉的电池大多了。也就是说，一次充电可以开更远，不过它的电池更重，成本更高。虽然重量增加导致能源利用率降低了一点，不过我相信大多数人都愿意用这点牺牲来换取长里程。成本是项艰难的利弊权衡，然而，特斯拉S是款非常豪华的车型。它很漂亮，像一辆跑车，具有可选择的操作模式——这个模式的字面意思是“荒唐”（Ludicrous）。这款车的性能优于任何同类的内燃机汽车，100千米加速只需要3.2秒。“烧电”也能跑得飞快！

由于电动汽车的传动系统如此高效，而且不需要消音，它们的驾驶体验优于任何内燃机汽车。当我在聆风、高尔夫或宝马i3中打开手机免提时，对方还以为我的手机贴着耳朵呢，因为这些车太安静了。开过电动汽车以后，其他燃烧汽油、制造污染的车看上去都太落伍了。不过说实话，它们真的很落后。不过如果我们都开电动汽车，这也会产生麻烦。现在的电网还无法支持所有人每周在私家车上多用1,000千瓦时电。这听上去是个非常严肃的挑战，不过正如每个围绕能源和气候的议题，挑战同时也是机遇。

如果我们能把技术难题都解决了，电动汽车以后可以成为电网的一部分，每个人在车上都可以使用储存的电能。

你看，电池的里程限制和另一个更大的问题息息相关，这个问题就是如何储存太阳能、风能或任何一种供应不稳定的能源。如果我们可以用现有或即将开发的技术解决汽车的储能问题，那么我相信大范围的能源供应问题也能解决。

工程师和城市规划者能准确地知道城市或郊区的某地在某时停了多少辆车。这让我想起了有关“超级碗”（Super Bowl）橄榄球比赛中场休息时冲马桶次数的精准统计数据。有了这些信息，精心设计的自动化电网可以为汽车修理站、购物中心停车场周围的人提供电能。我们可以利用每辆车的闲置电池。那些知道自己车的电池还有备用里程的人可以选择“储存信用模式”，并让电动汽车自动向管理智能电网的软件发送通知，然后业主就会省下一笔钱。

这个计划看上去很复杂，不过它比手机信号系统简单。我们用手机打电话时，信号从一个信号塔移动到另一个信号塔，且可以做到无缝衔接。所以如果有足够的激励，我们就能实现上述计划。我们可以资助开发电池的项目，资助研究使汽车更轻的轻质高强度材料的项目。我们可以在税收上提供优惠，大规模地实现从传统燃油车向电动汽车过渡。

我们的目标是用风能或太阳能等可再生能源产生的电能给每个人的电动汽车充电，但即使电力完全按照现在的方式产生，比如美国近一半的电力来自煤炭，电动汽车仍然对环境有利。第一，它们的发动机不受热力学第二定律的限制。的确，发电站避免不了这一限制，但发电站比汽车发动机更容易优化，因为后者需要不断改变转速和工作温度。第二，发电站的污染容易过滤和控制。发电站的废气不会像汽车尾气那样，被上下班的人和去现场看足球比赛的家庭排放得到处都是。

为了推广电动汽车，汽油的价格可以抬高到市场难以承受的水平。目前，由于政府补贴，美国的汽油价格只是世界其他地方价格的一半，尽管最近汽油价格上涨了不少——涨到了0.75美元/升。在其他国家，如英国和日本，人们要为每升汽油支付1.2美元，但他们还是选择开车。在英国，每天有许多人为了开车进伦敦，必须支付11.5英镑（18美元）的交通拥挤税（Congestion Charge）。有些人真的每天付这笔钱，他们可喜欢待在车里了！这个话题后面再谈。

我敢肯定有些读者看到“政府补贴”这个词会噎住。美国政府的财务支出表上并没有标明汽油补贴这一项，但确实有这项政策。美国海军在世界的另一边随时待命守护油田就是对各种燃油车的巨大补贴，政府对钻井和采矿用地的租金优惠以及对石化工业的税收减免都是政府补贴。如果我们改善电网，补贴电动汽车，将汽油价格提升至人们能承受的最高价位（考虑我们获取和保护汽油的真实成本），我们就可以召回海外的军队，并改变世界。

在我写作这本书时，美国最大的设想敌是“伊拉克和叙利亚伊斯兰国”[Islamic Sate of Iraq and Syria，简称“ISIS”，又称“伊拉克和黎凡特伊斯兰国”（Islamic State of Iraq and the Levant，简称“ISIL”）]。他们用恐怖手段夺取领土。如果西方国家不需要恐怖分子控制的石油，资助恐怖行动的资金就会枯竭，恐怖主义国家也就无法维持下去，恐怖行动的规模不会像现在这么大。在这种情况下，尽管保护大量平民不受暴力的“伊斯兰国”伤害仍是一项复杂的任务，但绝不会像今天这么艰难。制服“伊斯兰国”需要国际合作，包括军事和外交的合作。摆脱对石油的依赖将使这项任务变得简单，因为化石能源是冲突和恐怖主义的根源。美国参与伊拉克、沙特阿拉伯、叙利亚和其他中东地区的事务都与石油有着直接或间接的关系。美国的政治与那些国家的地下石油紧紧地联系在一起。

对我来说，这是又一个我们应该走向可持续后化石能源经济的理由。正如今天流行的谚语所说“有些人就是看什么都不顺眼”，不过如果我们不再需要恐怖分子拥有的资源，他们就不会输出暴力，我们也将少受伤害。

17

小电池上的大作为

在美国，许多年轻人都是看我的节目《比尔教科学》长大的，所以经常有人要求与我合影。我一般都很乐意答应，不过经常遇到技术问题。当有人要求合影却发现他的电池没电时，如果我能拿出一块镍电池，或许能赚到几美金。电池是许多现代技术发展的主要制约。现在美国士兵在战场能坚持多久的主要限制不再是他的水壶能装下多少水，而是他带的电池能装多少电。一个士兵如果没有了电，就相当于脱离了指挥，在战场上“又聋又瞎”。我在做节目的那几年曾经历过成堆的废弃电池，节目组为嘉宾提供的无线麦克风需要使用电池，我们可不想节目进行到一半，麦克风突然没电了。因此，电池的蓄电能力弱不是一个新问题了，不过随着可再生能源和电动汽车变得越来越重要，电池的问题也变得越来越紧迫。

特斯拉公司（Tesla Corporation）——制造出强劲特斯拉Model S的公司正准备引进新电池。新电池售价为每组几千美元，于2016年上市。这些锂电池在技术上与今天的电动汽车相似，每个单元高1.3米，宽1米，可以储存10千瓦时的电量。一旦由家庭太阳能电池板充电，2个这样的电池单元就能供大多数家庭在春秋季使用一整天。顺便说一下，一辆标准特斯拉使用60千瓦时的电池组。换句话说，在高速上驾驶一辆最先进的电动汽车几个小时，需要消耗的电量是家庭日常用电的3~4倍。这是一个好的开始，不过距离我们利用不稳定的太阳能电池板和风涡轮来重建整个能源供应体系，还有很长的路要走。

我不是在夸大，如果你能发明更好的电池或储电系统，你会因此富得流油，因为该行业潜力巨大，许多研究人员正在进行大量研究，试图通过化学手段制造能量密度更高的电池。亚历山德罗·伏特发明了化学电池堆。它们由一堆不同的金属构成，金属之间被浸过盐水的布分隔。如果你用两根导线触碰青蛙的大腿肌肉，就可以看到青蛙肌肉的跳动或抽搐。伏特因此意识到电池堆的关键之处在于使用两种不同金属。在伏特取得这个开创性发现150年后，全世界的化学工程师仍在使用不同金属和其他材料来提高电池的性能。我们希望电池在重量变轻的同时，还能储存更多能量。还有更好的方法吗？可能没有。也许我们要依靠现有的化学方法。

我曾见过伏特的原始电池堆，看上去有点粗糙。他利用当时可以得到的金属板或金属薄片来做电池堆，但它们还是让我感到失望：不平整的表面限制了电池产生的电流和电压。现代电池也是如此，电池的表现不仅取决于化学反应，还取决于材料的几何结构——化学物质如何排列。现代的电池仍然是分层的，既有化学溶剂，也有金属。为了提高电池的性能，必须小心排列与加工电极和电池中的化学物质，不允许有太大偏差。

为了评价电池的性能，一个简单的方法是比较电池储存的总能量与电池体积或重量之比。严格来说，电池的能量密度（energy density）是电池总能量与体积之比，另一个术语——比能量（specific energy）是电池总能量与重量之比。一直以来，“能量密度”用得更多一点。你研究电池性能时，必须看清楚到底用的是哪种测量单位。一般来说，能量密度越高，电池性能越好。注意，电池越大，能量密度越低；电池越重，比能量越低。不管用哪个指标衡量，电池储存的能量越多越好。

正如你吃的食物含有化学能，电池中的化学物质也含有化学能。电是流动的电子，我们希望通过电池使电子从电极的一端流向另一端。一般来说，电子从负极流向正极。讨论电池时，我们说电子从阳极流向阴极。不过我的朋友啊，我们平常说的电流方向正好相反——从阴极流向阳极。人们不是故意乱用术语的，这要重新提到本杰明·富兰克林，他曾努力搞清静电的电流方向。他当时没有气球，只能用橡皮条、玻璃条、羽毛和丝绸摩擦他的头发。

简单地说，富兰克林猜错了。他起先认为，如果存在电流的“粒子”，那么它们一定是从阴极流向阳极。结果证明是相反的方向。自然的神奇之处在于，哪个方向都是正确的。在电路分析中，假设正电荷从正极流向负极和假设负电荷从负极流向正极，得到的结果相同。我思考了50多年，对此还是会感到很惊讶。不过知道亚原子粒子的流向对我们了解电池非常重要，因为电池中都是离子（ion，来自希腊语“go”）。

如果我们对自己说，在这种情况下，我们将获得一股由电子携带的电流，电子由化学物质的能量驱动，这就意味着，为了闭合电路，我们必须让化学物质也在电池内部移动，这就产生了摩擦。让化学物质驱动电子意味着化学物质也必须在电池中移动。我们关心的化学物质以液体或凝胶的形态悬浮着，迈克尔·法拉第把这种混合物称为电解质（electrolyte）。

伏特的电池堆由铜和锌组成。如果你还跟着我的思路（我希望如此），该知道这两种金属在元素周期表上紧挨着。铜有29个质子，锌有30个。在合适的电解液中，如盐水或硫酸，电子从锌那端流向铜那端，而铜原子穿过电解质溶液附着在锌原子上。这就是我们电镀（electroplating）金属的原理。伏特电池堆是第一代化学电池。

你可能还记得碳锌电池。这种电池很重，也很有特点，因为电池的底部由暗灰色的锌组成。这种电池依赖于金属锌、氯化铵和氧化镁之间的化学反应。一根碳棒插在电池中间充当导体，而且其本身不受化学反应的影响。常见的碱性电池也发生类似的反应。碱性电池也含有锌和氧化镁，不过氯化铵被氢氧化钾代替。这些化学反应听上去有点复杂，不过看看元素周期表吧，所有化学反应都涉及两种化学物质：一种物质是金属，另一种物质提供氧原子与金属结合。

一般来说，发电的化学反应会形成金属氧化物和一些废物或化合物。这些废物和那些引发化学反应的物质一样，必须固定在电解质溶液中。当化学物质穿过电池的电解质溶液时，电子从阳极流向阴极。与周围的分子相比，这些移动的化学物质的分子多了或少了几个电子，被我们称为离子。在传统手电筒使用的电池中，电子从较宽的底部流向较窄的按钮状顶部。也就是说，我们定义的电流方向是从上往下，氧化金属离子的运动方向也是从上往下。

电池行业竞争激烈。发达国家每年要消耗数十亿电池，这是个巨大的市场。如果工程师可以在电池制造上取得一些进展，他们都会去尝试，因为我们都想在小巧的电池中储存更多电能。电池有许多种，镍镉电池（NiCad）、镍氢电池、银锌电池、汞锌电池和锌空气电池是比较常见的几种。电池具有不同的能量密度。铅酸电池的能量密度最低，仅为80瓦时/千克；镍镉电池的能量密度是它的两倍；能量密度最高的锌空气电池可以达到400瓦时/千克；最受欢迎的锂电池的能量密度为250瓦时/千克。

锂电池是目前最先进的电池。这种电池利用了锂、钴和氧的化学反应。锂只有3个质子，所以非常轻。锂的原子或离子都非常小。对我来说，最疯狂的一点在于，锂电池的性能好不是因为电池本身的形状，而是因为锂分子的形状。锂分子形成八面体（两个金字塔底对底相接形成的多面体）的结构，每个金字塔上都有氧原子，化学键很容易在八面体中间形成或断裂。顺便说一句，在我写这本书时，研究人员声称通过精巧的几何设计和化学设计，他们可以把锂电池的能量密度提高7倍，达到1,700瓦时/千克。这将使电动汽车更受欢迎，如果这项研究属实，世界将被改变。

锂电池非常棒。不过当锂电池过热时，氧原子之间的连接就会变松。据我们所知，在这种情况下，有几种锂电池特别容易着火。你可能会问：设计者为什么不在锂电池中放一些能吸住氧原子的物质？在电解质溶液中混入任何东西都会降低整个电池的功率或降低电池产生电的能力，这是机械、电子和化学工程三者之间的博弈。经过几年的改进后，锂电池很少着火了，不过着火是每款锂电池产品必须解决的问题。电池着火曾推迟了波音787飞机的发布时间。事实上，2013年，由于波音787飞机的午餐盒大小的锂电池存在问题，美国联邦航空管理局（Federal Aviation Administration，FAA）曾禁止这些价值超过2亿美元的飞机飞行（现在这些飞机已经重新服役了）。

当电池中的金属全部转化为金属氧化物时，我们就说电池的电量用完了。曾经有位教授对我说，这就像燃烧金属锌，把它氧化。人们开始关注这点，制造能量密度更高、更高效、更容易充电的电池。特斯拉公司计划回收废旧的汽车电池，然后将它们转为家用电池。就现有技术来说，这是很不错的一步，不过一种新兴的化学反应或技术或许会改变世界。

虽然我不认识读者你，但我打赌你肯定坐过或至少见过传统的电动汽车。它们使用的是铅酸电池。如果你曾提过这种电池，就知道它很重，不过这种电池相当不错，充电非常简单。你可以使电流和氧化铅离子从正极流向负极，从而启动汽车。或者你可以利用车的交流发电机使电子和氧化铅离子朝反方向流动，进行充电。你大概很熟悉汽车电池充电的麻烦，尤其是雨天你还赶着要去一个地方的时候。

以前大获成功的电池都是将几节电池连在一起的。如果你见过旧的汽车电池，可能会注意到每节电池上都有个电池盖。在电池充电和放电的过程中，一些水分蒸发了，硫酸和铅形成化学键。对一些旧电池补充水甚至可以延迟电池的寿命，因为即使化学系统有些老化，但只要有足够的水或凝胶电解质，离子就能在电池中移动。现在的电池都是密封的，电解质是非常稳定的凝胶。若要回收利用旧电池中的材料，必须用特殊的设备把电池拆开。这是一笔不错的生意。

传统的铅酸电池都是一节接一节的，通过金属片等固体导体连接在一起。这种连接非常奏效。在过去几年中，工程师发明了一种玻璃状的陶制电池外衣。这种外衣可以让一块电池的负极充当相邻电池的正极工作，所以电池不再需要跳线导体（jumper conductor）了。整个排列变得更紧凑了，这种电池的大小是传统电池的一半。金属片之间的陶制层改变了电池的形状，但电池的化学性质没有改变。由于陶制层既可以作为正极又可以作为负极，这种电池被叫作双极（bipolar）电池。如果我们现在用的电池都缩小一半，我们可以用一半尺寸的东西做更多的事。

你也许注意到每种电池都和我们一样——化学反应需要氧。空气可能是未来电池的关键所在。未来的电池也许不需要从氧化物中获得氧，而是直接从空气中获取。为什么不呢？地球大气充满了氧，无法躲开。

最近，铝空气电池、锌空气电池、镁空气电池、锂空气电池的研发进展迅猛。这些电池的正极接受的电子来自空气，它们的能量密度在理论上可以和汽油相媲美。想象一下吧，电动汽车不再需要汽油缸，也不再需要像车一样大的电池组，电动汽车的电池组不会大于你在吉普车后面看到的两个5加仑罐子。世界上每辆汽车都可以是电动的。哇！

电池使用一段时间后，以铝电池为例，其中的铝会转化成氧化铝。铝没有消失，只是发生了化学变化，以至于你无法再从电池中获得能量。更换铝电极后，电池就又能用了。这可能是电池行业未来的出路之一。我设想，在易于实现的铝电极回收厂中，未来我们可以利用风能和太阳能产生的可再生电能来回收铝，使铝能无限循环使用。

事实上，我们已经这样处理铅酸电池中的铅了。旧铅酸电池可以折价交换新电池，在将来，几乎所有地方都会要求你这样做，社会（你的邻居）禁止乱扔这种金属。首先，这些金属很有价值；其次，这些重金属对环境会产生污染。循环利用铅和铝是为了每个人的利益，我们都应该期待电池的关键组成可以再循环利用。与其说这是一种强制管理，不如说这是一种新的思路。

自小时候和电镀、电池打交道以来，我就一直对金属有些好奇。我记得当时（现在依然）对碳很着迷。铅笔中的石墨“铅”可以导电。我之所以这么肯定，是因为我自己做过很多次实验了。拿一支铅笔，把两头削尖，再把手电筒拆开，将电池、灯泡连到铅笔上，电流可以通过铅笔的铅。因此，人们正在开发和试验以碳棒或碳层为电极的电池。旧化学可以成为新化学。旧电池都有一个不会腐蚀的碳电极。在新电池的设计中，两个碳电极之间有电解质，阴极和阳极都由碳组成，都不会腐蚀，所以我们没有燃烧金属。碳是易碎的，不过如果我们能够提高新电池的耐用性，就能一直使用它们。这将彻底改变我们储存电能的方式。

说到储能，电池中的电有变得更好的潜力。我不难想象所有应用，不论是汽车、船、工厂、摩天大楼、你的房子，还是你最喜欢的飞机，都使用不同类型的电池。如果我们真的能设计出不同的电池并确保它们可靠，就可以在有需要的地方储存可再生电能，以更少资源做更多事情。我们可以把能量储存在几百万组电池中，待到需要的时候再取出。

不起眼的电池可能是人类未来的关键所在。这是件大事吗？我希望是！

介绍了这么多电池行业的事，我要提醒大家化学系统并不是储存电能的唯一方法。能量是可以累加的。在哥伦比亚河上的罗斯大坝（Ross Dam），落水的能量先转化为机械能，接着转化为电能。大坝后面的蓄水就像一个巨大的电池。阳光将海洋、湖泊、池塘中的水蒸发，而水蒸气分子轻于空气中的其他气体（比如氮气）分子。因此，水蒸气会上升，直到周围的压力变化使水蒸气冷却、凝结，形成降水或降雪。水滴下落是重力的作用。

假设我们换一种方法利用重力来储存能量。在我写这本书时，有人提出了大型重力系统。它可以储存1,000亿焦耳能量，可以输出几兆瓦功率。这种重力系统通过举起巨大的重物然后让它下落来做到这一点，细节非常简单。

想想老式的布谷鸟钟，你大概就知道它的工作原理了。给这样的钟上发条，你得拉扯链条来提起重物，重物的形状通常像松果（原产于德国黑森林）。接着，一种名为“擒纵机”的装置使重物慢慢下落，驱动来回运动的特殊传动装置。这个系统缓慢地释放储存的重力势能。假设我们要大规模利用这种重力系统，我们需要大型传动装置、升降井以及尚未发明的新型擒纵机，但我们可以实现，其中的关键之处在于确保机械装置的每个组件都足够坚固、耐用，保证整套系统可以运营很多年。

说过这些后，我相信一些细心的工程师已经找到一种更好的方法来利用巨大重力势能——落水的能量。我不是指传统的水电大坝，而是说水在一种简单而又设计精巧的大型装置中流过。我们可以在地下建造大型垂直升降井来储存能量。它会穿透地下含水层，如同油井和天然气井。我们可以在井孔内部套上防水的套管。这绝对是可行的。不管你对钻井有什么偏见，人们已经钻了几百万口油井，而且它们并没有影响附近的水井。虽然恶劣的泄漏事件在压裂天然气井时偶有发生，但只要能做到垂直钻井，做好密封，钻井人员可以减少泄漏。

我们可以在巨大的套管中放一个巨大的活塞。这个活塞可以用钻探升降井时凿出的巨大岩石制成。我们可以用几层混凝土抛光滑活塞的表面。一旦巨大的活塞升起，就把抬升的能量转化成势能。我们用一个巨大的水泵把水举到活塞的底部，然后当我们需要能量回来时，活塞的重量驱动水回到升降机，水流的流向则通过反向运行的泵或独立涡轮和发电机的组合来优化。这是一个很简单的想法，但这个装置可以工作很多年。如果水泵损坏了，就换一个；如果活塞的密封泄漏了，也只是降低一点效率而已。把水全泵走，换上新的密封就可以了，这不会像核反应堆漏水那样产生灾难性的后果。

这种液压重力储能装置的另一个特点是它可大可小。我们可以建一个很大或很小的装置，我的意思是建一个很大或超级大的装置。想象一个直径98英尺、长100英尺的活塞，为了保持稳定，活塞至少要达到这样的厚度或长度。如果活塞由固体岩石和混凝土做成，它的密度将是水的1.5倍，它将重达2亿千克，约合20万吨，这是4艘战舰的重量。如果附近有风电场或太阳能发电厂，我们可以在白天升起活塞，在晚上下降活塞释放能量，这样的活塞能储存5万千瓦时能量。如果我们有许多这样的活塞，储能将达到几兆瓦，它们就相当于一个传统发电厂。

活塞的一大优点是便宜。我们已经掌握了钻大孔的技术，也已经把矿场的尾矿拖走了。我们现在拥有钻活塞井和制造套管的所有技术了。我们在岩床上打洞，浇上混凝土，我们有水涡轮、发电机，只需要决定这个想法是不是值得在风电场和太阳能发电厂附近尝试。如果实际效果和设想的一样好，我们就可以开始大规模生产这种活塞，并把它们安装在最需要这种技术的地方。

现在假设你要在家里安装这样一个活塞。技术工人只能下挖20米，所以需要一个直径1米、长10米的活塞。当你家的太阳能电池板或者邻居家的太阳能电池板（树遮挡较少）把活塞举到顶时，你就能存储200万焦耳能量。这只是0.5千瓦时，但如果利用直径2米的活塞（一个露台圆桌的大小）和深达40米的升降井，你就能储存8千瓦时。这些能量虽然不能支持所有的家庭用电，也足够运转你家的冰箱，使你和家人度过桑迪（Sandy）那样的飓风。

现在假设你的所有邻居都用起了活塞系统，大规模生产降低了活塞的市场价格。我们的储能需求将大幅下降，我们将摆脱对电池技术不可预知进展的依赖，也许老输电线也不需要更新，至少不需要立刻更新。10年后，每户人家只需要从发电厂获取今天一半的电能。当我们在地下埋下更好的电线、建立智能电网时，这种液压活塞升降井技术将会得到普及，为城市用电提供保障。这又是一个伟大的想法，所有事情可以一次实现。

能量储存有个奇怪但却无可辩驳的特点：我们储存的能量越多，当没有太阳或风不够大时，我们需要产生的能量就越少。能量储存还可以减轻核电站的负荷，核电站就不再需要建得像现在这么大，它们对环境的影响也将减轻，发生核事故的风险也会减少。所有这些只需要在水泥管道里将石头举起放下就能办到。

在核电站附近安装重力储能活塞是减轻核电站用电高峰负荷的一种有效办法，当我们升级现有电网时，仍可以使用现有的基础设施。在屋顶上安装大量太阳能电池板也能降低电站的用电高峰负荷，特别是如果它们与电池或重力电存储系统组合安装在每栋房子或建筑物上。关键是做长远考虑。

我洛杉矶家中的太阳能电池板发电收回成本大概花了7年时间。如果我们专注于几十年的长期考虑，而不是每2年或4年的政治选举，我们就能做成大事，一次性装上电池或活塞。

18

生物燃料——要种植多少玉米和甘蔗

一旦你开始思考能量储存，就很难停下了，至少对我来说很难，我希望你也一样，因为能量储存无处不在，毫不夸张地说，我们的生活都与能量储存有关。风吹过时，太阳能以动能的形式出现；下雨时，太阳能以汽化热的形式出现。所有食物都是瓶装的太阳能——由进行光合作用的植物或以植物为生的动物封装起来。所有的一切从头到尾都发生能量储存。

当工程师还在尝试用聪明的办法将太阳能储存进电池或大型活塞时，农民们已经在进行大规模能量储存了。一片玉米地就是一片固体太阳能地，发酵玉米就能得到浓缩的能量。你也许非常熟悉那些吟唱“自制威士忌”的乡村音乐，你也许还记得田纳西大学战歌中的一句歌词：“玉米无法生长在落基山脉之巅，那里的泥土太坚硬了，这就是为什么落基山脉之巅的人吃罐头玉米。”那是田纳西的落基山脉，歌手指的是用玉米酿的酒——乙醇。你喝下这种酒就能感受到它的灼烧。这是我听说的，我没有喝过……不过我的意思是如果你用玉米酒生火，真的能烧起来。储存的太阳能又跑出来了。

既然这么好的东西可以装在瓶子里，为什么不用乙醇来给世界供能呢？如果这种方法可行，我们可以用大片的玉米秸秆来代替化石能源。燃烧乙醇会释放二氧化碳，但玉米会吸收二氧化碳。如果能做到足够高效，两者几乎是平衡的，只会产生微量净碳排放。就汽车行业来说，在我们过渡到电动汽车之前，乙醇是可以使用的更为清洁的能源。其他依赖石油的运输工具（如货运船、货运飞机）转向使用基于乙醇的燃料，这听上去比纯用电能要靠谱得多。基于玉米蒸馏酒的经济，听上去很酷吧？

要是事情那么简单就好了。从阳光到玉米再到乙醇的能量转换率只有2%。从石油到乙醇的大规模转换需要在一个生长季中种植出能维持全世界一年的燃料。这可是一件复杂的事，不只是复杂，我认为是不可能实现。这项技术受制于植物的形状和化学成分。尽管人们对生物燃料有很多误解，生物燃料也存在许多缺点，这一行业还是有一些前景的。

这几年来，乙醇和其他植物燃料（统称为生物燃料）受到了媒体的热情关注。许多科学家开始探讨生物燃料的弊端和使用乙醇要面临的巨大挑战。首先，每单位汽油的热能是乙醇的2倍以上。每千克汽油的能量是45.8兆焦耳（相当于每磅19,700英国热量单位），而每千克乙醇的能量不到汽油的一半，只有19.9兆焦耳（相当于每磅8,560英国热量单位）。1焦耳能量可以把一条黄油从地上举到桌子上，英国热量单位是将1磅水加热升高1华氏度所需的能量。如果你用过燃烧白电油（white gas）的露营汽化炉，就能直观地感受这两种燃料的热能区别了，只消比较一下燃烧乙醇的小火锅和汽化灶上的白电油温度。白电油指的是不含任何添加剂的汽油。添加剂往往是为了帮助汽车发动机更清洁、更高效地运转。如果你没有体验过两种燃烧，我可以告诉你燃烧汽油更热，酒精烧起来只是有一点点热。

科幻小说家经常忽略汽油和酒精的2倍比能量（每单位质量燃料所含的能量）差异，写出许多不合理的情节。在电影《火箭人》（*Rocketeer*）和最近的《明日世界》（*Tomorrowland*）中，编剧和导演期待观众相信酒精的神奇能量。电影中的人物利用几盎司的低能量酒精飞来飞去，但那点酒精都不够给前院除草。电影《火箭人》中的火箭手科列夫·赛考得（Cliff Secord）和电影《明日世界》中的发明家、时空穿梭者弗兰克·沃克（Frank Walker）致力于拯救世界，但他们的虚拟飞行所采用的技术与真实生活中拯救世界需要的技术还相距甚远。不过，如果科幻小说不让我们做白日梦，那还要它们干什么呢？不过那两部电影仍然过于不切实际，让我无法融入故事情节。酒精就是做不到这些事，它的能量不够浓缩。

还要记住，种植任何农作物（玉米、甘蔗等）都需要大量土地，然后玉米还需要收割、蒸馏，那可是很多工作。为了榨出能量，你需要投入大量工作和许多能量。不管怎样，假如你无须钻探和抽取就得到燃料，如果在农田上就能得到燃料，你将能做非常棒的事。

让我们算一下：假设在一片农田上，每平方米能得到1千瓦太阳能。在一块边长100米的正方形土地上，太阳光最强烈时，我们每秒能得到1,000万瓦太阳能。在一个生长季中，这片土地可以产生1,000亿焦耳能量。记住，瓦特是能流速率的单位，焦耳是总能量的单位。按照今天每10吨玉米可以提纯1,600升乙醇来算，太阳能转化为化学能的效率大概是10%，不过这还没有考虑种植玉米所需的农业活动和能量投入。人们要播种种子，首先要将种子运输到农田，然后用拖拉机播种、灌溉、施肥、除虫，再用另一辆拖拉机收割。

把这些因素都考虑进去，乙醇的产能效率下降至2%——这就是我之前提到的数字。美国国家环境经济中心［U.S. National Center for Environmental Economics，美国能源保护署（Environmental Protection Agency）的一个分支］警告说："与一些化石燃料相比，生物燃料在提供等量能量时排放的温室气体更多。生物能源还需要依靠政府补贴和其他市场投入才能与化石能源竞争，这将给经济带来无谓损失。"

在巴西，汽车由汽油和甘蔗提炼的酒精混合驱动。甘蔗也给了饮酒者与摩根船长（著名海盗）、酿酒者一起航行的勇气，酿酒者可以制造出朗姆酒和美味的莫吉托鸡尾酒。这些只是我听来的……巴西有大量耕地，且大部分耕地位于热带，适合种植甘蔗，因为热带有更多的阳光可以转换成富含糖的燃料。在巴西，1公顷或1英亩[①]甘蔗产生的乙醇是同量美国玉米所产乙醇的2倍，因为甘蔗喜欢热带的阳光。巴西有8,000万辆汽车。平均来说，巴西的每辆汽车都比美国的汽车更轻、更经济，而且美国的车辆总数是巴西的3倍。可悲的是，巴西人经常砍伐森林以获取更多甘蔗地。

① 1英亩约合4,046.9平方米。——译者注

这可不是一个好主意，森林能吸收大气中的二氧化碳，我们需要这些树木。

鉴于巴西的农业状况，巴西人高效地利用乙醇。他们的大部分车辆使用的燃料都很灵活。汽车的燃料系统中装有探测器，它们可以探测到酒精与汽油以什么比例混合，然后调整发动机的点火时间。燃料系统的橡胶部件耐受酒精，一般的橡胶会被酒精溶解。如果没有这些特制橡胶，乙醇会漏得到处都是。这就是为什么如果你的车老于2001年款，就不建议使用酒精比例超过10%的燃料——“E10”燃料。

酒精含氧，对发动机部件有一定的腐蚀性。特殊橡胶这种材料不是什么新奇的技术。酒精的特性在设计发动机和选择材料时必须考虑。底特律推销混合燃料汽车，不过美国的市场对这种汽车的需求并不大。在美国这个世界第三人口大国，酒精与汽油之比一般不超过15%，这种燃料名为E15。在我看来，所有内燃机汽车——我当然希望这种车越来越少——都应该配备探测器，橡胶部件也应该耐受酒精，因为我们无法确定将来的燃料会混合多少酒精。在巴西，当甘蔗产量和蒸馏产量很高时，燃料的酒精含量可达到100%。有一个问题：水分子非常容易附着在酒精分子上，这对制作莫吉托鸡尾酒来说是很好的特性，可对于汽车的燃料箱并不是一件好事。如果汽车发动机吸入水而不是燃油，就会停止运转。所以必须设计把水排出的措施，这给整个问题重重的内燃机又带来了麻烦。

乙醇作为一种独立燃料在美国的推广非常缓慢，不过在混合能源中已经占有一席之地了，因为乙醇加入汽油中能提供汽油燃烧时所需的氧气。汽车尾气中的二氧化碳和空气中的氮可以与乙醇中的氧结合，所以在高温下，乙醇中的氧使尾气变得更清洁。它不仅能稀释尾气，还能冷却火苗，延长汽油的燃烧。因此，汽油不会在内燃机循环达到最佳时机之前被过早燃烧掉。乙醇还能用作抗爆剂，它的作用和含铅汽油中的铅一样（铅用于农用车和飞机）。

当汽车汽油被禁止添加铅时，我已经记事了。当时主要的原因不是铅的直接污染，而是四乙基铅影响新型废气催化转化器中的催化剂。尾气催化转化器于1975年引入汽车中，用来催化一氧化碳和未燃烧汽油形成二氧化碳的化学反应。汽车尾气中不含铅当然是好事。环境中的铅含量下降了，与铅有关的健康问题和发育问题也随之减少。顺便说一下，催化转化器是公共导向、从上而下强制采用的技术。许多人认为催化转换器不会清洁我们的空气，但事实上，转换器非常有效。

那些曾经宣称催化转化器太贵的人就好像今天坚称解决气候变化问题成本太高的商人一样。在我看来，这里有一个重要的教训。我们可以比许多技术怀疑者和气候变化否认者更聪明、更能干。那些对全球变暖漠不关心的人似乎都是些悲观主义者，宁愿放弃也不承认自己制造的问题。关注我们对地球所做事情的人都是些乐观主义者，他们相信我们有智慧——我们作为一个物种通力合作就一定能想出改善世界的有效方案。哪种世界观会产生伟大的下一代？是放弃的人还是承担责任的人？

从甘蔗和玉米中提取乙醇相对比较简单，因为它们含有糖，只需加入酵母去代谢即可。美国有些玉米的名字就叫作三倍甜（Triplesweet）、黄油果（Butterfruit）、甜面包（Sugarbun）。想想威士忌和朗姆酒里含有多少乙醇吧。不过除了植物中的淀粉糖类可以提取酒精以外，植物中坚韧的纤维素也可以。这意味着我们不仅可以从玉米等食物作物中提取乙醇，还可以从其他植物中提取能量。

我父亲很少提起他在第二次世界大战中做战俘的经历。不过显然，当日本军队的燃料供给减少时，我父亲和他的战俘同僚被命令用松树树桩炼油。他们挖出大坑，把树桩埋进去，再烧干它们的水分，制成木炭。他们还要收集松树燃烧时释放的气体，并将它们改造成液体燃料来供日军的战斗机使用。树木早就被日军投入战争了，树桩都是些剩下的东西。显然，燃烧过程会释放一氧化碳和水，如果这些气体被收集，可以制成类似汽油或酒精的清澈液体。这里面需要投入的工作量很大，日本人没有从中获得多少液态燃料。不过这种思路我们可以借鉴，今天我们有更好的条件可以把植物坚硬的纤维素转化成液体燃料。

这种想法不是利用植物的糖生产燃料，而是从植物的纤维素中提取乙醇，可以用玉米收获后留下的秸秆和根，它们大部分都是纤维素。现在最有前景的植物是美洲大草原的一种本土植物，叫柳枝稷（switchgrass）。这种植物长得很高，可以达到3米。如果拥有一大片成熟柳枝稷，你手上就有大量比矮玉米秸秆更容易处理的纤维素。纤维素被切碎并研磨成现代加工系统所能使用的材料，所用的工具是一种名为蒸煮器（digester）的容器。

在适当的温度和压力条件下，经过一种液体的催化，柳枝稷就会转化为乙醇，但现在这套流程不是那么经济。未来它是否会变得经济还不明朗，不过也许值得政府提供一些农业补贴。这可以论证，但柳枝稷的产能效率低却是没有争议的。为了产生乙醇，我们需要大量柳枝稷，而且处理的花费也是巨大的。不过如果世界的经济完全不同于今天呢？如果石油价格升高了很多呢？用纤维素提炼乙醇的想法就将更吸引人。我们甚至能通过法案，规定燃烧化石能源的个人或系统支付二氧化碳排放费，这样乙醇就能在乙醇产地找到应用市场了。

除了其他古怪的追求以外，我还投资了一家公司，试图从转基因藻类中提取柴油和喷气燃料。这曾经是（现在也是）一个好主意，但现在公司基本上把这项工作搁置一边了，因为他们发现可以通过改变转基因藻类来生产各种油，包括棕榈油中的有机物和化妆品中所用的油。这几种油的市场价格比喷气燃料高多了，所以这家公司就专注于生产这些利润高的油。我不禁沉思，并在信封背面计算，如果将石油价格提高一点，藻类燃料可能有多大竞争力。如果我们所有人都要支付排碳费（噢，不要称它为碳税），汽油、石油和喷气燃料的价格都将升高，我投资的那家公司就会将他们的水产养殖系统转向生产喷气燃料了，这将是从上往下的管制。从某种程度上来说，这种方案更接近于放松管制。

如果我们将汽油价格提升到自然水平，藻类生物燃料将变得很有竞争力。如果你喜欢思考，想想这些吧。美国军方是国内非石油燃料的主要客户，因为在世界上任何地方进行军事空中掩护和空中支援的航母需要大量喷气燃料。如果美国军方表态，从国家安全角度考虑，整个国家必须使用可再生能源，那会怎么样？美国国防部已经出于这一考虑资助生物燃料的研究了。如果军方领导可以做出这个决定，很多事都将迅速改变。

正如我之前说过的，做出这种改变是有战略原因的。美国军方对气候变化问题深感忧虑。许多军事计划都是为了解决世界上水资源短缺和人口安置引发的冲突。如果美国经济和美国人的利益不再与海外石油如此紧紧地捆绑在一起，美国外交官和政客可以用新的方式与世界打交道。他们可以取消许多除了保障石油供应外没有任何好处的军事行动，投入更多的资源来改善世界各地（包括美国国内）居民的生活。

没有政府补贴，乙醇作为替代能源从一开始就不切实际。乙醇不能减轻我们对进口石油的依赖，至少单靠它不行。不过尽管乙醇存在许多问题，在我看来，它仍然能帮助我们完成从汽油到清洁能源的过渡，并最终建立一个零碳经济。乙醇不仅可以应用在农业机械上，还可以就地使用，也可以使航运和空运变得更清洁。乙醇对美国军方也很重要，无论是在战略上还是技术上，但对我们大多数人来说，为了满足每日通勤所需，乙醇目前并不是一种很现实的燃料选择。

在我们离开生物燃料这个话题之前，我必须再次指出，乙醇面临的真正考验是在完全公平的市场中与化石燃料竞争。如果我们能创造一个费用系统和分红系统，支付产生温室气体的真实费用，那么市场就可以理清利弊，最终我们可以真正解放最好的想法和技术。

19

纳斯卡赛车可以变得更好

我的姐姐、侄子、侄女以及他们的配偶、孩子都住在弗吉尼亚的丹维尔（Danville）附近。在这里，赛车可是一件大事。不同年龄段的男孩，有时还有一些女孩和女人，都会开车到波士顿南部或其他赛道看赛车。我去过马丁斯维尔（Martinsville）的赛道，它是纳斯卡赛车（National Stock Car Racing，美国全国运动汽车比赛）最短的赛道，只有1千米长，不过比赛依然令人兴奋不已。赛车开得飞快，发动机声响彻天空。观众担心赛车翻过栏杆撞死人。除了这种兴奋感以外，赛车是令人压抑的，至少对于作为工程师的我来说是这样的。因为我一直在设想智能高效的交通技术，而纳斯卡赛车庆祝的却是非常过时的交通技术，你可以称纳斯卡赛车为反美航空航天局的比赛。

作为行星学会的总裁，我打交道的都是探索太空的工程师。

这些天来，每当我听到纳斯卡赛车的发动机声就会想，如果纳斯卡赛车变得像美国航空航天局一样开明，会如何？美国航空航天局设置了“重大挑战奖”（Grand Challenges）鼓励公司和个人发明新技术。目前人类面临的挑战是在行星上开采矿物，制造更好的太空服，在太空深处的强辐射环境下生存。这样的比赛有点像赛车，赢家可获得一笔可观的资金。或者看看设立了“Lunar X”奖的谷歌公司。这个奖项颁给能把机器人送上月球并向地球传送回照片的私人组织。纳斯卡赛车没有道理不向美国航空航天局和谷歌公司看齐，他们可以设立一场鼓励最酷最先进汽车技术的比赛。

纳斯卡赛车的设计时速是350千米/小时……不过只是转圈速度。纳斯卡赛车已经淘汰了公路赛段，因为现有赛车不能很好转向。赛车上装有巨大的V-8发动机，加速减速都需要消耗大量能量，发动机使用推杆来上下移动气门。在今天美国的街上，我们已经很难看到车的正时凸轮（蛋型轮）仍然用推杆来抬升气门，大多数车采用锯齿橡胶带（上凸轮，overhead cam）。我有一辆1969年产的大众甲壳虫（Volkswagen Bug），它也使用推杆，这是20世纪30年代的老技术了。这种技术要消耗更多能量，点火系统必须降低来配合推杆。虽然这种技术是过时的，但纳斯卡赛车很喜欢这项传统技术，至少现在很喜欢。

纳斯卡的赛车仍然使用化油器（carburetor）。这种装置在推入发动机气缸前将空气、汽油或气体混合。现代汽车不再使用这种装置，它已经被淘汰几十年了。现代汽车使用的是燃油喷射系统，它在每个气缸的活塞冲程中喷入燃油。这种系统可以读取外界空气温度、含氧量、空气流入速度和排气孔下风处的空气温度，并根据它们做出调整。至今，大众甲壳虫安装燃料喷射系统已经40年了，纳斯卡赛车的“明日之车”（Car of Tomorrow）仍然没有使用这项技术。

在我看来，最让人郁闷的是油耗或汽油里程。这些赛车每100千米的油耗是80升，这真的糟糕透顶。根据一些报告，有些赛车能达到每100千米50升的油耗。当赛车不比赛时，如在警示或黄旗下驾驶，汽车的油耗就正常了。警告标志已经成为赛车的重要部分，现在的比赛出黄旗的频率比15年前高了30%。这是为了让落后的赛车能够追上，使比赛变得更紧张激烈，因为在比赛快要结束时会有很多赛车追得很紧。赛车是一项娱乐，不过问题来了：既然要让赛车减速，为什么要把它们设计得能跑那么快？

说到赛车减速，现代纳斯卡赛车的赛车手会阻止一部分空气进入发动机。这项技术只能在某些所谓的超速赛段上才能使用，它们的直赛道允许这些动力不足、设计不好的发动机超负荷运转到几乎失控的状态。在高速赛道上，纳斯卡赛车要求赛车安装节流板。这种节流板由扁平的金属片制成，上面有4个洞，洞的直径显然经过了试验和误差校验。从空气动力学和流体力学的角度来说，这些金属板在发动机的入气口产生湍流，把原本就非常低效的设计弄得更糟了。

我曾经观看过一次纳斯卡赛车比赛。那次比赛是在加州丰塔纳（Fontana）汽车俱乐部的高速赛车跑道（Auto Club Speedway）举行的。当时领头的赛车短暂离开了赛道，进入维修站——现场解说员说那辆车的螺帽松了。它们都是安装在螺纹柱或螺柱上的螺纹螺母，用于固定车轮。纳斯卡赛车赛事的举办者希望作为一名赛车迷的我相信，经过一个世纪的赛车，专业技术人员固定轮子的方法依然不够好，车轮即便在理想的驾驶条件下绕圈跑都会出问题。我当时简直不敢相信。显然，比赛由一些人控制，他们可能是官方、赛车队或其他人。我的姐姐发现，赛车手经常能在自己家乡举办的比赛中赢得胜利。这让我想起来大时代职业摔跤比赛（big-time pro wrestling），那更像一场秀而不是真正的比赛。纳斯卡赛车充斥着速度、噪声还有作秀。赛车很原始，这让我很失望。

之前我提过纳斯卡赛车的“明日之车”。如果“明日”指我们可以在24小时内用管道胶带完成所有的改进，这是个不错的名字。“明日之车”仍然有传统的底盘和传动系统，虽然它不同于以前的纳斯卡赛车，但它绝对不代表未来。它只是另一种低效的汽车，由70年前的发动机驱动，完全不像你我想象的那样。

让我来说一个具有前瞻性的故事。当我还是个孩子时，赛车比赛常在新技术发明地而不是旧技术保留地举办。我们仰慕那些跑得快、操控性好的车。下一次你到印第安纳波利斯赛车名人堂博物馆（Motor Speedway Hall of Fame Mu-seum）参观时，可以看看帕克斯顿涡轮增压车（STP-Paxton Turbocar）。这辆车装有由直升机涡轮改造的发动机，差一点就拿下了1967年的印第安纳波利斯500英里赛。这辆车领先了171圈，几乎是整场比赛，但球轴承在倒数第三圈坏了。大赛官方发现，如果他们允许这种创新汽车年复一年地参加比赛，赛车队就会有机会测试它，做出进一步的改进，其他赛车很快就会被淘汰。于是大赛官方修改了规则，限制发动机进气管的尺寸，涡轮赛车再也得不到改进，因为涡轮发动机需要额外的空气进行冷却。纳斯卡赛车用规则限制了创新。

我不是说我们都应该改用涡轮发动机，我是在提倡赛车应该关注未来而不是过去。我建议纳斯卡赛车改变规则，只是详细规则（不对外公布）中的一条。在500英里的比赛中，如果赛车只允许使用80升（21加仑，半桶汽油）燃油，而不是获得无限补充会怎么样？这将大幅削减现在100加仑的燃料用量。这听上去非常激进，事实上确实如此。赛车需要创新。畅想一下，如果今天纳斯卡赛车的燃油限额削减至50加仑（这可是很多燃油），那么没有任何赛车可以击败驾驶丰田普锐斯（Toyota Prius）2004的你我。我们可以开着这辆车转圈，然后停下来吃个比萨饼，接着回到车内赢得比赛。即使我们给其他车队提供满缸汽油，他们也无法完成比赛！或者这样：假设有一条规则规定每支队伍在800千米（500英里）的比赛中只允许加一次油，仍然没有任何纳斯卡赛车能击败我们，因为那些赛车跑不了那么远。它们的能源利用率实在太低了。

正如我在这章开头提到的，我有亲戚在美国南部做蓝领工作。我和他们一起共度了许多时光——我爱我的家庭。我理解赛车的吸引力，它太刺激了，我完全支持。我只是希望纳斯卡赛车能追上新潮流，打造出在世界上任何比赛中都能获得胜利的赛车，希望赛车能够创造新技术，以更少能量做更多事情。作为一名美国机械工程师，我希望纳斯卡赛车向前看而不是向后看。如果赛车都是电动的，并且耗能太多或噪声太大将会受到处罚，那比赛将多棒呀？哇，那将是完全不同的21世纪赛车。

我在这里呼吁纳斯卡赛车组委会和各车队能够做一些既新潮又酷的改变，而不是墨守成规。我希望纳斯卡赛车能让孩子对汽车设计的创新产生兴趣，这样我们才有可能用更少的燃油，甚至完全不用燃油。只有用电子，汽车尾气才能变得更清洁甚至不存在，我们才能减少温室气体排放，为我们所有人（车迷和普通人）创造一个更美好的星球。

汽车与火车效率大比拼

一天，听从父母的指示，我哥哥在我们长大的华盛顿特区街道上教我骑自行车。那是段恐怖的经历。为了学习驾驭这种在静态下不稳定的车辆，我在街上摔倒了好几次。那真的太难了。华盛顿的街道都是碎石路面：尖锐的砾石和硬路面由沥青粘在一起。我身上已经有几个伤疤了，不过，我真的想学啊，骑自行车太酷了。哥哥推着我，扶着车座让我保持直线前行。经过几段短距离的练习后，他开始给我提速。我们一路骑车，等我们到达街区的尽头时，我感觉自己要飞起来了。哥哥叫我刹车，我不知道怎么就做到了。我说已经掌握自行车了，他说我确实已经掌握了。他早就松手了，我可以自己把握平衡和方向了，我简直不敢相信。短短10秒钟内，自行车骑过的距离比我的腿在1分钟内走过的路还长。

车轮和其他交通工具的效率对我们所有人来说都很重要，不只是对于年轻的我，因为美国1/3的能源都用在了交通上，用于搬运人和物品。我们移动自己和货物耗费的能量与我们最初生产或制造这些货物所用的能量一样多。交通运输是一个庞大的行业，即使小小的效率提高也会产生巨大的影响。如果我们想清洁世界、稳定气候，交通是我们必须取得巨大进展的领域。

在我们深入探讨这个话题之前，先想想人类步行的效率吧。行走的身体的功率大概是30瓦，一个人可以持续走几分钟甚至几小时。一个世界级自行车车手骑车一整天，可以输出400瓦功率。现在和汽车比较一下，一辆普通汽车的功率是120千瓦（150马力），是人类行走功率的5,000倍。现在你应该明白我们为什么要在汽车上花费大量能源，而且做任何事都离不开它们。试试这个：把车开进平坦的停车场，挂空挡，接着走到车后用手推它。现在，在车还在动的时候，跑到车的另一头，试试用手和脚使车停下来。这对于正在学车的孩子来说是绝好的练习。正在移动的交通工具本身是很重的。让汽车移动、推动它克服空气阻力前进或者使汽车减速都需要许多能量。

自从我在街上第一次尝试骑车以来，我在自行车上花了很多时间。每次我跨过坐垫、蹬上踏板，都会被车轮的高效率惊到。因此，车轮并不是现代交通的问题所在，燃油类型和发动机才是。交通的净效应是惊人的。光在美国，我们有2.5亿辆机动车在总长400万千米的路上行驶。汽车不仅产生二氧化碳和各种烟雾颗粒，还将它们排放到生态系统中。我们开车时释放的化学物质会带来巨大的环境影响。

减少出行并不是一个可行的选择。我们的交通基础设施已经建立了数千年，我们是不会停止的。居住在地中海周围的古代民族——罗马人、腓尼基人和希腊人已经依靠车轮出行了。我曾经在阿庇乌大道（Appian Way）上行驶，这条大道由古代罗马人于2,300年前修建，今天你仍然可以看到这条俄勒冈小径（Oregon Trail）的遗迹。当你从飞机和太空俯瞰会发现，这条小径始于密苏里的独立城，终于俄勒冈的波特兰。美国2%的土地被道路覆盖。想想这意味着什么吧。如果你的床单中央有一条沥青条纹，就像你的床铺了一条混凝土或者黑色沥青路一样，它会吸引你的注意力，或者至少让你感到非常不舒服。你在人生的每一天每一夜都会注意到它。我们的交通系统就有点像沥青条纹，已经改变了世界——当然不一定是朝好的方向。

我们该如何更有效地利用庞大的基础设施呢？我总是回到骑自行车的标准上。骑100千米要消耗1,100千焦食物，这相当于1加仑汽油可以跑1,448千米。自行车的效率是汽车效率的30倍，这还没有考虑其他因素，比如制造汽车和自行车的能耗差别以及二氧化碳排放对环境的破坏性影响。骑自行车时，我们脚蹬踏板做圆周运动，圆周运动通过链条传递到自行车后轮；在汽车中，活塞做上下运动并转动连接车轮的曲轴。在自行车和汽车中，这些部件都叫作动力传输系统。我们通过快速的比较显示它们的重要性。自行车动力传输系统的效率高于90%，而效率最高的汽车也只能达到75%。

让人们放弃汽车选择自行车听上去是个很棒的主意，我很愿意生活在这样的世界中，但我必须承认这不是一个可行的选择，至少在世界上大多数国家都行不通。我又想起了我的中国朋友——好胜。他的家庭和世界上其他几百万个家庭一样，为获得一辆私家车全力工作。他们不想换回自行车，相反他们要抛弃自行车。正如我之前讨论的，我认为电动汽车会成为重要的解决方案。电动汽车不仅能成为人们渴望的私人交通工具，还使用清洁的可再生能源。

当然人类也可能找到更好的方法来使用汽车。购买和维护汽车是非常昂贵的，汽车会折旧。当你开车时，每个人都挡着你的道，你也挡着别人的道。我非常希望未来所有的汽车都是自动的，就像现在的电网和家用电冰箱一样。你拿出手机，非常酷地叫来一辆自动汽车送你上班，自动汽车公司负责管理汽车，给你寄来账单。如果这些汽车可以像今天的手机和通信网络这样相互协调，而且是电动的……噢，车祸、污染都会减少很多，我们也会有更多的自由时间。

不过如果你真的想最大化效率，那么必须想办法一次移动两个人以上，这就无法避免两个词：公共交通（mass transit）。这两个词会把保守派搞疯。一旦往这个方向这样想，你马上会想到另两个不那么极端的词：高速火车。

火车在各方面都表现良好，尤其在运输人和货物上。（等等，你还有什么要运的？）如果我们要运送大量货物，火车的效率是卡车的4倍，如果我们谈论的是客运火车，它的效率更是高出卡车几百倍，甚至几千倍。相比汽车，火车有三大压倒性优势。第一，火车的金属车轮在特制的合金轨道上行驶。问问你自己，哪个更光滑，是不锈钢金属还是普通道路？坑坑洼洼的道路的阻力又是多少？金属车轮在金属轨道上滚动的阻力系数大约是0.001。换句话说，驱动火车的能量中只有1/1,000转换成了热量，但汽车遇到的阻力通常是火车的10倍。

第二，也是最明显的优势，火车按照时间表运行。你可以在同一条轨道上运行很多辆火车。想想看，如果汽车司机都聚在一起，轮流决定谁先使用高速公路，谁是第2位、第4,328位，所有汽车在一秒钟之内协调好，运输的效率将大大提高。可控的时间表以另一种方式提高效率。尽管与汽车相比，火车的速度快得多，但火车的速度还在不断提高。

这就是火车的第三个优点——提速。为了使汽车成功地和高速公路结合在一起，汽车制造商生产的发动机尺寸比应有的尺寸大1/3。当然，我们可以修改世界上每一条公路和每个交叉口，使汽车发动机变小，但这似乎不可行。

从全球能源的角度来看，火车比汽车更高效，所以它们也更清洁。在许多国家的文化中，人们都可以直观地看到并了解这一点。但在美国，人们似乎在努力抑制高速火车的发展。在某些情况下，反对来自政客们，因为他们根本不喜欢政府投资公共项目，还有些人反对铁路项目是因为建设周期太长。然而，再重申一次，任何道路，不管是泥路、沥青路还是钢轨，都是从第一步开始的。如果火车更有效率和吸引力呢？

当你驾车行驶在美国的高速公路上，如从加州南部到北部的5号州际公路或从印第安纳波利斯到堪萨斯城的70号线，你会看到各种汽车紧紧尾随，几乎是后车的驾驶室紧挨前车的汽车尾部。他们正在尽最大努力不让能量流失到空气中。不幸的是，紧密尾随是危险的，司机可能没有时间对前面的麻烦做出反应，但火车没有追尾问题。空气阻力对它们的影响很小。大部分阻力出现在前方，第一辆火车或动力车必须把空气推到一边。当你驾驶汽车时，因为不能尾随前车太近，所以需要不断地推着空气。如果你驾驶一列火车（对你有好处），后面跟随许多汽车，它们都可以获得免费的空气动力。但如果你能做得更好呢？

如果你曾见过或玩过桌球——我猜你肯定有过这番经历——你就会知道它们多善于摆脱摩擦。球在空气中滑动，唯一显著的摩擦力来自球水平运动时遇到的空气分子。理论上，你可以用一根带弹簧的推杆推动球的运动，然后跑到桌子的另一端，用同样的推杆拦截或停止球，这样的工具现在用作刹车或弹簧压缩工具。如果空气的阻力可以完全去除，你就能得到所有的能量。当物体在水平移动中没有受到摩擦力时，你就不需要做功，所以一旦它开始运动，便会一直运动。

这就是真空火车背后蕴藏的原理，也是埃隆·马斯克（Elon Musk）为“超环线”列车所做的大量讨论。你可能记得，马斯克是特斯拉背后的智多星，是另一位改变世界的大人物。乘客和货物在一条巨大的长管道里嗖嗖地穿行，而不是在火车轨道上运动。下面就是窍门，管道中的大部分空气被吸出。此外，火车前端的压缩机会吸走剩下的空气，并将它们导流到车厢的下面，帮助车厢飘浮在管道底部上方。马斯克和他的工程师声称这样的火车比喷气式飞机更快，而且不必打破音速，因为周围的空气很少。

超环线面临着一些高难度的技术问题。当我参观新墨西哥洛斯阿拉莫斯洛杉矶国家实验室（Los Alamos National Laboratory）的粒子加速器时，我看到技术人员非常努力地从加速器管中抽出每一个空气分子。这不是件简单的事情，泄漏经常发生，所以从几百千米长、火车般大小的管道中抽出所有的空气并不是一件容易做到的事情。管道必须保持稳定，因为任何轻微的移动（即便是几毫米）都会破坏管道和周围墙壁之间的精确关系。如果管道发生泄漏，空气会进入它周围的真空中，这需要精心设计的安全系统。如果管道破裂或发生事故，整个管道必须关闭直到修好为止，所以整个系统必须非常可靠。这些需要解决的问题都非常棘手，充满挑战。

埃隆·马斯克的太空探索技术公司（SpaceX）在加州投资了一段测试轨道，并且赞助了一场选拔赛。选拔赛的目的是找到可行的工程方案。超环线是否能成功，我们拭目以待。这将是真正的交通突破，可以促进整个公共交通的发展，所以它值得探索。当然，以现有的火车科技，我们仍然可以做很多事情。因此，如果你是手上有选票的纳税人，有机会给火车和高速公路投票，那就抓住机会投票给火车吧。去投票站改变世界吧！

21

车道的创新

在我写这本书时，我的生活比较奔波。有时候，我住在纽约或华盛顿，完全依赖地铁出行。城市的地铁每年运送7.5亿客流。想象一下这么多人的移动，这真的太了不起了。有时候，我自己开车上下班，往返于家和行星学会之间，每天咒骂101、105、134或405高速公路上的堵车。堵在高速上时，我无法集中精力思考超环线列车这种大项目。对这种每天因交通事故或堵车浪费几十分钟甚至几个小时的生活，我也无可奈何。

说到路，卡车呢？卡车和汽车共用一条车道是个好主意吗？不同车辆应该在不同的车道上行驶。此外，如果我们能提高汽车动力传输系统的效率，也许可以将这种系统应用在卡车、巴士和船上。要彻底改变我们使用道路的方式不是一件容易的事，但我们乐意去做。如果加上经济刺激，将卡车和轮船的发动机变得更清洁、更高效并不是一件难事。我后面会细说，如果卡车或者船必须为排放二氧化碳付费，那么以更少资源做更多事的动力会刺激我们的船在更平静的海面上航行，卡车甚至用软橡胶轮胎也能跑得很有效率。

让我们回到公共交通。纽约地铁的成功是轨道列车比私家车更有效的绝佳例子。火车在轨道上受到的阻力仅是汽车轮胎在坑坑洼洼路面上受到阻力的1/10。地铁由电驱动，每次减速时都可以回收一些电能。大多数轨道都位于地下，没有人可以穿越轨道，所以地铁不受行人干扰，不会碰到有人一边和朋友讨论看电影计划一边闯红灯的情况。在地下，没有十字路口，地铁无须中途停下。

对我来说，公共交通太神奇了。它是一个投资巨大的公共项目。社会的共同意志使每个人都能到达一片地理区域的每个角落。公共交通使交流和互动民主化，每个人都能来去自如，尽管还会受一些实际条件的限制。人们还可以自由选择是否使用公共交通。我知道很大一部分人不愿受任何限制，不过当城市必须容纳越来越多人时，限制是难免的。太多人想去不同的地方就会产生冲突、延误并导致低效率（也失去了很多乐趣）。

在洛杉矶，许多铁杆棒球粉丝在第七局就会提前离场，不然回家路上就要花很多时间。洛杉矶的公共交通才刚刚起步，政府花了那么多年的时间证明发展公共交通需要付出大量投入。谈到未来的气候变化，我坚信我们应该加强各个地方的公共交通系统，否则世界的能源供应无法维持。地铁也更加安全。2012年，纽约有141人被地铁撞倒，其中55人死亡。考虑到纽约地铁承载那么多人，如果所有地铁乘客都选择开车，不难想象会有更多人因交通事故而死亡。在美国，每年有超过3万人死于交通事故，也就是说，每100万美国人中就有100人遭遇不幸。以此类推，那就意味着在800万纽约人中每年会有800人因交通事故丧生，所以地铁事故造成的55人死亡听起来就没有那么恐怖了。此外，每起地铁交通事故都是可以避免的，但考虑到汽车故障、人性、疲劳驾驶、酒驾、开车发短信这些因素，汽车交通事故就不像地铁事故那么容易避免了。

当我提到地铁乘客的生活质量出乎意料的好时，我在纽约圣马丁出版社（St. Martin's Press）的编辑大笑起来。我承认汽车更私密，每位乘客的空间更大，但是汽车司机却不能像地铁乘客那样做别的事，也听不到地铁卖艺人的歌声，看不到江湖骗子讨钱。相反，地铁司机可以读电子书、听播客，或者和旁边的人交谈（我知道，被迫聊天也是种烦恼）。不管你怎么考虑，地铁总是更安全、更快捷，所以我是公共交通的支持者。我时不时问自己，是我富有同情心的家庭教育让我支持公共交通吗？我的分析客观吗？当然，作为一名科学家，我希望做到客观。只用汽车，你无法处理纽约、华盛顿特区或芝加哥20亿客流的运输问题。如果伦敦没有地铁，你也无法处理2.5亿客流。33亿客流的东京呢？算了吧。对于地球的生态系统而言，地铁显然更适合。

那么为什么不是每座城市都有地铁呢？用现代语言，我会说："因为汽车。"汽车和绵延不绝的路网使人们可以到达任何地方，如此高水平的服务让投票者和纳税人不再青睐其他运输方式。

如果你在开车，记住每多一个选择地铁和轻轨出行的乘客就意味着你前面少一辆车。想要开车去任何地方的纳税人也会对公共交通产生强烈兴趣——让更多人不再挡你的路。给火车投票吧，不仅给子弹列车和超环线列车投票，还给非常不性感但很实用的轻轨投票。如果我们把资源投向公共交通，就可以改变世界，使世界变得更高效。我们要记住，我设想的所有基础设施都是由当地需要的人就地建造的。也就是说，你无须把铁路外包出去，也无须在国外修一条路，然后将其搬回到国内需要的地方。即使火车车厢和火车头在别的地方建造，迟早你还是要雇佣当地人铺上铁轨和安装道路控制器。基础设施的资金要花在需要基础设施的地方。

在我写这本书时，许多保守的立法者认为任何需要花上几年甚至几十年才能完成的政府项目都不是好项目，因为这些项目需要一个大政府，会损害个人的权利与自由。也许有些读者也这么想，但我个人并不这么看。为了提高生活的效率和质量，我认为我们必须建设更好的公共交通。无论是更好的列车车厢，还是专用单人出租车，又或者是不需要太多移动的远程办公，我们必须而且一定要改善公共交通。

火车的许多优点自行车也有。你现在应该明白我为什么喜欢自行车了，现在我仍然喜欢。马路上每多一个骑自行车的人，你开车时前面就少一辆车。研究城市规划布局的人都意识到了这一点。我最近在美国和加拿大旅行时，看到许多城市都建立了公共自行车租赁系统。人们可以按次、按天、按星期或者按年租用自行车，还可以同城异站还车。实践表明，在哪里设置租车点、每个租车点提供多少辆车是比较复杂的问题，不过利用现代计算机模型和算法，工程师能够让尽可能多的人在需要的时候享受这项服务。我期待在未来几年，公共自行车租赁系统继续扩展，变得更加普遍。

15岁时，我在弗吉尼亚州的阿灵顿（Arlington）找到了一份自行车维修工的工作。我每天从华盛顿特区骑行18千米去那里上班。弗吉尼亚州的夏天非常闷热，我到达维修店时经常汗流浃背，但还是可以马上上岗。我可以这样做，是因为当时我是个沾满油污的自行车维修工，但今天我是个成年人了（至少美国国内收入署是这么认为的），我要出席商务会议，有时还需要出镜，我的穿着打扮必须像一个坐办公室的专业人士。我期待有一天市中心的商务区都设置淋浴间和更衣室，方便骑自行车上下班的人。人们骑自行车到公司，先洗个澡，换上洗衣公司专门提供的干净衣服再上班。

政府可以给提供这种服务的公司一些减税优惠，这又是一个可行的疯狂主意。现在已经有一些人采取这种生活方式了，他们骑自行车上下班，在上岗之前淋浴一番。回想起来，我也曾经这么做。我在做《比尔教科学》电视节目时，周一往往是写文案的日子。西雅图的天气温和，我常骑自行车上班。我看到了骑自行车上班的前景，但没有办法让所有人都这样做。然而，我想如果城市规划者可以提供一些方便设施，那么人们在华盛顿湿热的夏天也能骑自行车上班了。自行车爱好者应该梦想着这一天的到来！

看上去这种方案在某种程度上可以立即生效。自行车系统可以依靠税收优惠和规划来扩张。在荷兰，人们常说“Meer etsen dan mensen”，意思就是自行车比人多。无论是阿姆斯特丹（Amsterdam）还是海牙（Hague），遍地都是自行车。那里的马路有三条车道：一条机动车道，一条人行道，中间还有条宽阔舒适、维护良好的自行车道。这三条道都是全天使用、双向通行的。荷兰的天气整体舒适，有利于自行车的盛行。人们以中速骑自行车上班，到了公司后身体仍然干净舒适，可以直接在办公桌前工作。

在美国，自行车的推行遇到了许多文化障碍。如果你的自行车没锁好，会被偷走。为了防止盗窃，人们用长链条锁住自行车。在美国大街上，适合锁自行车的地方不多。因此，偷窃难度很高的自行车近来开始流行起来。对于自行车，人们经常抱怨的是骑自行车的人不够专业，许多人常常违反交通规则。他们闯红灯，在汽车前转向，威胁到行人。无论上述事实的真实程度是多少，它们都是可以解决的问题。正如我们不允许汽车司机不顾后果闯红灯，自行车遵循交通法规也是理所当然的。如果将来美国和加拿大骑自行车的人和开车的人一样多，与自行车相关的交通法规和监管也会逐渐完善。

由于荷兰的人口密度较大，荷兰的机动车道、自行车道和人行道都维护得很好。自行车道足够宽敞又不占太大空间。一直以来，自行车在荷兰城市的街道上只能以中等速度行驶，而且很少上班族骑车时戴头盔。我不建议在美国这样做。美国的道路很宽敞，家和工作的地方相距甚远，所以上班族希望车快点，再快点。美国冬天的路经常是坑坑洼洼的，导致事故频发，骑自行车的人头部受伤是常事，有的伤很严重甚至致命。

上大学时，我曾和老朋友史蒂夫·藤川（Steve Fujikawa）做过一次100千米的长途骑行。骑行结束以后，我们感觉很棒，骑着自行车穿过校园欣赏“春色”（别名“女孩”），当然主要是为了回宿舍。经过康纳尔大学塔里路和东大道的十字路口时，突然，一个学生开着跑车从侧面撞到了我。砰！我的头撞到了人行道上，我当时眼冒金星，就像卡通人物被硬物撞击后脑袋上绕着一圈星星一样。

我经常给我的侄子、侄女讲这个桥段。我同时扮演两个角色："比尔叔叔，你当时戴头盔了吗？""没有，"我答道，"那时候没有人骑自行车时戴头盔。"那时有皮革头带，不过这种头带在事故中基本起不到防护作用，被戏称为"发网"。那一年是1975年，由硬壳和苯乙烯泡沫衬里做成的自行车头盔在同年产生了。但在我撞车时，这种新头盔还没上市。上市后，这种头盔在当时非常紧俏，不像今天在自行车店里随处可得。那次事故以后，我戴起了有同样衬里的曲棍球头盔。

几年后，我又遭遇了另一次撞车事故，那时可压碎的泡沫头盔已经很普及了，我当时就戴了一个泡沫头盔，一位女司机缓缓开过一个停车标志，往我骑车的这条道上张望，可是她的视线被违章停车的大面包车挡住了。我狠狠地撞上了她的左前方挡板。撞击有多严重？我的自行车车架的顶管从焊接得很好的意大利插孔中拔出来了。我被撞到空中，飞了一段时间，最后落在了距离汽车引擎盖很远的人行道上，头部正好着地。幸亏我当时戴着泡沫头盔，我的头完全没事（你可以自己判断）。我跳起来大叫："我的自行车！我的自行车坏了……"

不管怎么说，我非常相信自行车头盔。顺带说一句，后来我把那个自行车车架保存在一个储物柜里，直到有一天迪士尼让我做一期有关自行车安全的节目，我才把它拿了出来展示给大家看。在节目上，我激情地演说，倾尽全力向我的小观众传达骑自行车戴头盔的重要性。后来那个车架被废弃了。我在纽约和华盛顿特区都使用公共自行车租赁系统，而且戴着头盔。我坚持戴头盔有两个原因。第一，那两次眼冒金星的经历让我刻骨铭心；第二，在我的职业生涯中，我很容易想到这样一则新闻：“科学人比尔·奈骑车被出租车撞倒——他没有戴头盔”！我不知道哪个结果更坏，头部受损当然是个麻烦，不过糟糕的公共形象的影响更大……那大概会杀了我。

每当我畅想未来自行车头盔时，我经常想到的是下巴没有带子的款式。我自己也很吃惊，我不确定这种设计要如何做到，这种头盔在你被撞倒在街上或引擎盖后仍然戴在你的头上。它不需要胶水，我猜它会夹住你的后脑勺，它的透气性要很好。我清楚地记得有一次我的父母去赴一场非常棒的新年晚宴，我父亲戴上他的礼帽，那顶帽子几乎在一瞬间就从一个平圆盘形状变成了高高的圆柱形立在我父亲的头上。这种设计也许可行……

我也会想到折叠性非常好的自行车头盔，就是那种折起来可以放进手提包的头盔。当你要用时，它可以完美地展开，但一件东西的坚硬度和折叠性看上去是矛盾的。我仍然戴着传统的自行车头盔，小心地骑车。这是另一个我想解决的问题，为了世界各地骑自行车的人的安全。

最后还有天气的问题。说到这，我希望做点什么，而不只是谈论天气。你可以说我疯了，但我认为人类科技已经能够在小范围内改变天气了。坏天气当然会给骑自行车的人带来麻烦，不过你仔细想想，天气其实是所有交通系统的麻烦。汽车在恶劣的天气里必须减速，最好的自行车车手也必须减速。我在西雅图住了几十年了。西雅图总是下雨，没有司机习惯这种天气，他们在下雨天开车依然打滑，还经常因为能见度差而追尾。人们视线受雨雪影响，但仍冒着风险在车流间穿梭。坏天气是出行的麻烦。

我是这样想的：城市一般建造在河流附近，沿海城镇通常建在河流汇入海洋的地方，因此，一般来说，城市都有桥，把桥面从开放式改造成封闭式的隧道不是很难的事情。城市有自行车和汽车通行的交通主干道。假设我们可以在隧道里制造顺风（我不是开玩笑），假设在长长的自行车道上，我们修建了双向隧道，并在隧道中安装了风扇，用以引导风，迫使空气穿过隧道，制造双向顺风，那么无论人往哪个方向骑自行车都能得到顺风的助力。我个人认为这是个绝妙的主意。

我们还可以修建风循环隧道。当然隧道会有出口和入口，不过巧妙的流体力学设计可以尽可能减少隧道出入口处的能量损失。我们可以设计特殊的隧道墙壁，使风紧贴着墙壁或沿着墙壁穿过隧道，引导风往所需的方向流动。维持风扇运转的电费可以通过收取过路费的方式获得。或者用一些人还觉得陌生的方式，电费可以用维护城市街道的财政拨款来支付。这都是为了大家的利益，多一个人在这种车道上骑自行车，机动车道上就会少一辆车。

最后说一点：人类社会存在的太多健康问题都是由缺乏运动造成的。肥胖症、2型糖尿病猖獗，我们的身材越来越走样。如果更多人选择骑自行车，他们的健康就会改善，医保费用会降低。这是个三赢的方案。我知道，这听起来像是沉迷于自行车的科学人的疯狂梦想，但假设我们在俄勒冈州的波特兰修建了这种封闭式顺风隧道桥或风循环隧道，我们可以看到它如何运行、人们如何穿过，然后选择是大规模建造这种隧道还是关闭风扇让骑自行车的人自行面对糟糕的天气。我是个梦想家，但也许我不是唯一的一个。

出租车滑行舱、无人驾驶车和生态飞机的兴起

我们很难预测下一个交通突破（如果有的话）会是什么。超环线列车？也许吧。风动自行车隧道？这些都有可能，但我有个很肯定的预测，如果我是个博彩者，一定会下注。我敢打赌，100年后，城市里不再有私人交通工具，少数仅存的私人交通工具也只是为了方便人们去偏僻的远郊。每个想要坐车的人通过手持式或护腕式装置就可以叫来一辆出租车。出租车是完全自动的，卡车和货车也一样，不需要司机。

我们已经开始实现汽车自动化了。谷歌汽车和其他无人驾驶汽车都在开发中。我想不出比城市出租车更适合应用这项新技术的地方了。我们可以设计和建造比最好、最警惕、最有礼貌的人类出租车司机更高效、更安全的驾驶系统。这些新车都将是自组织和自我互动的，不再需要车前的保险杠，因为两辆车不会撞在一起。工程师将开发出服务人类骑手的系统，发明可乘坐一人、双人或四人的滑行舱，它们将每个人送达目的地所需的能量远少于现在的城市出租车。它们是全电动的，加速和刹车所需的大部分能量都可以通过发动机反向运行转变为发电机来回收。

你会怀疑这样的系统是否可行、是否安全和是否值得信赖。我觉得答案是肯定的。想想你一生中坐了多少次电梯吧。大概几千次，甚至几万次。电梯仅靠几根绳索就能把你送达距离地面几十米或几百米的地方。如果你工作的地方有电梯，你每天都依赖它们。我们讨论的就是你的生活，我们都信赖电梯系统，因为它们已经很成熟了，它们已经被广泛使用一个世纪了。大多数伤人事故都发生在电梯维修期间——此时升降井道被打开。除此之外，事故就很少发生，所以一旦发生肯定要上头条新闻。

如果将来要采用无人驾驶的出租车滑行舱，我们需要各领域一起合作，寻找技术突破，推行一些重要且意义深远的法规。我觉得这些都很容易实现。以后出租车的车型不再由市政府指定，工程师间将充满竞争。政府可以先修建一条专门的滑行舱车道，看看它是否能够运行。如果试运行成功了，城市可以推广滑行舱的应用。换句话说，我们可以一步步来，没有必要一次做太多改变。最后街上的滑行舱会是工程师设计的较佳结果。

到时，我只要拿出手机或者触摸手表，滑行舱就会无声地滑行到我身边。我把手表对准车上的电子屏幕，进行无线操作。当我去到我想去的地方，系统会从我的银行账户收取相应的钱。如果行人或骑自行车的人不小心或肆无忌惮地穿过我的滑行路径，系统会感知到即将来到的碰撞，及时下令减速甚至停车。你可能觉得这样的系统会是一场灾难，因为政府能监视你的一举一动。但我可以告诉你，现在的政府已经这样做了。遵守法律的人不需要担心，因为以后的政府和现在的政府一样，他们有更重要的事情要做，而不是监视你绕路去性玩具商店。我构想的这个出租车系统不仅基于技术，也基于信任。我们的生活主要建立在信任的基础上。如果你不信任其他司机在他们自己的道上驾驶车，马路会变成什么样呢？如果对面的车突然跨过马路中线朝你撞来，会发生什么？是啊，除了脑子有问题的人，没人会这样开车！

滑行舱在某种意义上和城市中送包裹的货车一样。货车有明确的目的地和送货时间，而且只能在指定的路上行驶，所以很容易实现自动化。好了，现在假设它们都是电动的，不会再有空转的卡车污染城市空气了，也不会出现并排停车堵塞交通的现象，也不会再有危险的变道。戴姆勒公司（Daimler）最近展示了一款部分自动化的18轮汽车，名为Inspiration（灵感），我猜他们很清楚不要再起“Impact”这样晦气的名字了。新技术已经在跟进了。自动驾驶车辆替代城市和公路上的驾驶者需要很多年的时间，过渡期可能会比较混乱，但我们必须这样做。它的前景是非常好的。健康、发展、清洁的经济会为淘汰的司机创造大量新工作岗位，就像以前经济、技术革命发生的那样。

下面我要为将来的交通再打一个赌：我描述的汽车、卡车和火车的改变也将应用在航空和水运上。以更少资源做更多事情的革命将改变我们将人和货物运输到全球各地的方式。我们现在的做法太浪费，不够环保，最终也会伤害我们自己。

美国发明的强大飞机在短短一个世纪内改变了世界。现代航空旅行仍然存在一些不便，不过相比于我们上几代人长途旅行花费的时间，空中客车（Airbus）和波音公司（Boeing）的飞机速度简直让人难以置信。在几小时内，我们就能穿越整个大洲或大洋。这样的行程在以前要花上几天、几周、几个月甚至几年的时间。美国和英国之间的空中旅行如此普遍，以至于我们都开玩笑地把严寒的北大西洋称为“池塘”。最早的跨大西洋商业航行出现在77年前。在这么短的时间内，我们取得了巨大的进步。

不过如果我们继续坐飞机出行，二氧化碳、烟尘和氮氧化物仍会继续排入整个大气层中。我们必须做点改变。美国军方是飞机燃油（煤油和柴油）的最大用户。将军们都很担忧气候变化，并努力寻找其他取之不竭、可靠的飞机燃油。用天然气取代石油驱动的喷气式飞机是个有趣的想法，既能减排，又用上了更多本土能源。波音公司正在测试这项技术，不过这也只是权宜之计。

正如我在前几章中提到的，一些公司正努力生产植物燃油或生物燃油来代替汽油。如果这个办法奏效，不仅汽车会受益，飞机也能使用生物燃油。那些公司已经在做测试了。美国联合航空（United Airlines）最近以农业废料和动物脂肪为燃油原料进行了一次试飞。不管结果如何，研究人员走上了正确的轨道。既然我们开采和燃烧的石油来自远古的海洋微生物和植物，我们应该可以在实验室里加速生产一种基于植物的产油系统，最终在工业上应用。我们要投入大量科研经费来解决这个问题，而不是依赖一些刚起步的公司慢慢摸索出适合的生物种类和重要的化学过程。农业公司每天都会花几百万美金来提高大豆的产量。为了找到完美的植物来生产价格具有竞争力的飞机燃油，我们要投入的经费可能是农业公司的100倍。

虽然有人在大力改进飞机燃油，不过飞机的未来可能不在于燃油，而在于飞机本身，即它们由什么构成。即使你没有看过电影《毕业生》（*The Graduate*），你大概也熟悉那一幕——默里·汉密尔顿（Murray Hamilton）饰演的罗宾逊（Robinson）先生把达斯廷·霍夫曼（Dustin Hoffman）扮演的本·布拉多克（Ben Braddock）拉到一边，低声说："塑料，塑料的前景很好。"现在的飞机机翼由闪亮的铝板制成，铆钉把它们紧紧地钉在一起。当襟翼[①]伸展时，我们可以看到里面有许多金属扭力管和联动装置。假设机翼部件完全由塑料制成——更准确地说由复合材料制成，塑料比金属轻，强度也不差。有公司估计，由复合材料制成的飞机的油耗可以降低15%，这正是用更少资源做更多事情的例子。

塑料和自动滑行舱可以实现旧日的科技畅想——飞行汽车。飞行汽车至今尚未实现是有原因的。你可以想象你的所有邻居，还有一些小屁孩以及永远打着转向灯的大爷在天上一起乱开车的景象吗？在这样疯狂的世界中，我们能活多久？不过仍有不少公司，如泰拉夫加公司（Terrafugia）和飞车公司（Skycar），正在研发个人高速飞行器，它们的速度远超汽车。这些公司之所以敢做，是因为性能好、强度高、质量轻的材料已经存在了。这种个人飞行器一旦商业化，就一定能飞行，因为它们非常轻便。这种飞行器主要由塑料复合材料制成，发动机中的金属由铝、镁和钛组成。另外，这种飞行器最好是半自动或全自动驾驶的，这是唯一一个可以让我们松开操纵杆和方向舵脚踏板后不会在空中引起交通混乱的方法。

混合动力和全电力的飞机也即将面世。如果你脑海中还在想

① 机翼上的可动翼片。——译者注

着笨重的老式电池，这听起来可能难以置信。电池科技正在迅速发展，工程师们施展聪明才智使新电池尽快投入使用。欧洲航空业巨头空中客车正在研发一种锂电池驱动的双座飞机或四座飞机[①]，这种飞机名为E-Fan。空中客车最近进行了穿越英吉利海峡的原型机试飞，并且承诺在2018年发布生产型[②]。空中客车和其他公司正在研发使用燃油和电混合动力的大型客机。和混合动力汽车一样，这个想法是通过电池使每加仑燃油跑更多里程。为了安全和效率，商业客机实现大部分或者完全自动驾驶。做好在你生活中见到更少司机、飞行员和更多软件工程师的心理准备吧。

除了塑料以外，我们还有碳纤维复合材料。这种材料类似于纤维玻璃，不过这种纤维的组成是碳而不是二氧化硅（玻璃），它们的碳原子排列的朝向能自适应应力或载荷。由这种材料制成的飞机比由铝、钛制成的飞机更坚固、更轻。我还期望未来能看到性能远胜于碳纤维的碳纳米管，这种材料含有1米甚至1,000米的碳原子，其重量只有钢的1/6，但强度却是钢的1万倍。我们利用这种材料可以制造非常轻的飞机，效率提升的程度令人吃惊。

交通运输中还有最后一个可以改革的领域，那就是国际船运。看看你身上穿的衣服，它们很可能来自海外，再看看你的食物和餐具、汽车或自行车。我们大部分的日常用品和工业设备都是在海外加工的，然后通过船运到达我们这里。现代货船的吨位极大，它们把大量二氧化碳和其他污染物排入我们共享的大气中。虽然国际海事组织（International Maritime Organization）提高了2013年后建造的船只的能源利用率标准，但这只是一个开始。

---

① 训练飞行员的机型。——译者注

② 该公司已在2017年宣布取消生产计划。——译者注

轮船还有很大的发展空间，如改进推进系统、使用清洁的燃油、降低排放。合理可行的法规可以推动这些改变。我们可以使用清洁燃油技术或者已经离我们不远的电子推动系统，将航运从不环保系统变为清洁系统。我们将在4万个地方改变世界，因为每天大概有4万艘船在海上航行。让我们在陆地、海上和空中都以更少能源做更多事情，就像旅行社经常说的那样，“出发吧”！

23

反渗透净水——蛋膜带来的灵感

作为一名冲浪新手，我可以告诉你，呛一口海水还能忍受，但是三口甚至更多就不行了。当然，这是我听来的。如果你发现自己漂浮在海上的救生艇或救生筏中，那此时淡水就是你最担心的问题，因为尽管你周围都是海水，但喝几口海水绝对会让你恶心。人体的确需要盐，但你我都受不了地球上大多数海水中的高盐度。因此，我们不能依靠海水生存。我们和陆地上所有绿色植物一样，需要不含盐分的淡水。加州的面积大于世界上许多国家，很多人在海滩玩耍、冲浪，但在1,000米之外，他们家的草坪、花园及周边环境正面临严峻的干旱，这很讽刺，不是吗？

水、能源和气候问题都是相互关联的。为了获取水、运输水，人类消耗了非常多的能源，而那些能源产生了许多温室气体，导致气候发生变化，而气候变化又破坏了淡水的供应。于是我们陷入了恶性循环。淡水来自降雨和融雪，不过世界上的许多地方都没有充足的降雨或融雪。由于气候发生变化以及全球变暖，加州和其他许多地方面临的干旱问题日益严重。河流正渐渐枯竭，地下水位在下降，但需要用水的人口反而在增长。地球上的人口很快就会突破90亿。这么多人需要喝水、洗浴、吃同样消耗水的庄稼，我们必须找到新方法，以新的方式为每个人提供淡水。

你可能没想过，地球上的每个人都生活在河流或溪流附近。这不是巧合，而是人类数千年来的定居方式。即使你住在海边，不远的地方一定有条淡水河，那些淡水来自降水。一朵不大不小的云虽然不能遮住整片天空，却足以让你注意到它。它可能长20千米，厚1千米。这种云的出现会让你觉得是时候收起篮子结束野餐了。这样的一朵云至少含10万吨水。如果恰巧碰上阴天，那你抬头看到的就是数百万吨水。你我这样的动物、花朵、鸟类和树木就是这样从天上得到足够的水来生存下去。

太阳把湖泊、池塘和海洋的水蒸发到空中，水在高空凝结成小云滴。云形成后之所以可以保持在空中，是因为水分子比空气中的氮气分子和氧气分子轻。水分子一直在天上飘着，直到很多水分子聚集在一起冷却凝结成水滴。水滴相互碰撞后形成更大的水滴，接着从空中以吨为单位降到我们头上。雪和雨水都是不含盐的，因为当水被蒸发成水蒸气时，会留下盐分。这个蒸发、凝结、降水、汇集的过程被称为水循环（water cycle）。水循环是我们的生存之本，它始于蒸馏（distillation），这个词来自拉丁语的“*stilla*”（水滴的意思）。

说到蒸馏，你无法战胜大自然。每年都有大量游客到内华达州的拉斯维加斯旅行，你也来的话，我建议你坐旅游巴士或自己开车到胡佛水坝看看。这是一个了不起的工程，不过对我来说，更惊人的是水坝上游水库的巨大蓄水量。米德湖（Mead Lake）的蓄水量为30立方千米清澈淡水。如果你到俄勒冈州的达拉斯（Dalles）旅游，也可以考虑去附近的水坝转转。我最喜欢电子（Electron）水坝，它就位于扩建后的大古力水坝下面。它比胡佛水坝矮，但宽为1,600米，远远超过胡佛水坝。这座水坝汇集了巨大的卢瑟福湖（Roosevelt）和班克斯湖（Banks Lake）的水，气势恢宏。

这样的水利工程重塑了世界。当无数淡水聚集在一起时，当地的生态系统就会发生变化。我曾经参加过加农炮300英里自行车比赛（Cannonball 300 bicycle competition），选手要在一天内从西雅图骑行300英里到达华盛顿的斯波坎（Spokane），才能赢得冠军。比赛途中，我路过大古力水坝流域。在我见到水、湖泊、池塘和灌溉农田的一个小时之前，通过气味，我就能感觉到它们的存在。水滋养植物，植物产生花粉和芬芳引来鸟和蜜蜂等授粉者，最终吸引我们人的到来，这就是大尺度的水蒸馏和汇集。

我家附近的药店有瓶装蒸馏水出售，4升需要3美元。蒸馏水的标签上说这瓶水经过了“蒸汽蒸馏”或“闪蒸馏”。生产蒸馏水的厂家把水加热至蒸发，然后让蒸汽接触低温物体的表面形成水滴并流进收集器。这是以暴力的方式实现自然中发生的事，但这种方式快很多。只买一瓶蒸馏水的话，它的价格和一杯不错的咖啡的价格差不多。但如果你用蒸馏水洗碗、冲马桶，那就很贵了。蒸馏很有用处，只是整个过程需要消耗很多能量。不过蒸馏这项工艺对各种工业过程都有价值，对家中的熨斗或蒸汽机也很有用，所以蒸馏水在发达国家仍然很常见。

一天，我和《比尔教科学》电视节目的制作组获得美国海军的许可，登上了“俄亥俄”号潜艇（USS *Ohio*）。这艘潜艇装配有美国的三叉戟导弹，长170米，非常巨大。如果它是一栋公寓楼，里面居住的居民可以支持整个街区的商业，包括药店、硬件商店、洗衣店、干洗店、超市等，不过它是一艘既可以浮出水面也能潜入水底的船。这样的船通过蒸馏把海水变成新鲜不含盐的淡水，因为能量对船员来说不是问题。潜艇上有一个核反应堆，所以潜艇可以几年不回港或通过另一艘船补给燃料。烧开一点海水就能得到淡水，船员甚至利用电把海水分解成氢气和氧气来制造空气。蒸馏净化水是自然界最古老的技术，也是人类最早掌握的技术之一。

和你我一样，大多数人都不住在核潜艇上（我希望有一些读者正在水底读这本书）。和强大的核潜艇不同，工业蒸馏需要的能量常常是个大问题。因此，工程师发明了一些关键技术来降低能耗。任何物质从液态转变为气态或者反过来从气态变为液态的过程，我们都称为相变（phase change）。当水经历相变、蒸发时，所需的能量是惊人的。我们可以加热水使其温度升高，但要耗费很多能量。或者，我们也可以降低液态水上方的气压。随着液态水上方空气分子的压力越来越小，越来越多的水分子以水蒸气的形态逸出。许多蒸馏系统都配备了真空泵来降低蒸馏瓶或蒸馏室中的压力，这就是闪蒸馏的部分工艺。这种泵耗能很少，不过能耗依然存在，这在系统的总效率和成本计算中必须考虑。

这里还有个我觉得很精巧的设计。如果我们把闪蒸馏系统放到海面下50米处，它可以通过管道与海面连通，就像接上通气管一样。接着我们让海水在这个深度通过节流阀进入蒸馏器，海水马上会承受较低的压力，只要再加上一点点热，我们就能在海面下煮沸（闪蒸）水。这个蒸馏系统的唯一能量损耗发生在将蒸馏水泵上海面的环节中。这又是物理为人类造福的一种巧妙方法，只是我们需要布设管道系统，把加热器埋在海下，但为了节约能量，加热器不能埋得太深。

轮船上的船员们面临的问题和潜艇中的同行一样：水，到处都是水，却没有一滴可以喝。然而，现代船只不采用蒸馏工艺，因为还有一套更好的技术，不需要耗费那么多能量。在船使用的这种系统中，海水穿过一层半透膜进入，这层膜允许水分子通过并把盐分阻挡在外面。如果你愿意，自己就能试试。这是一个简单但重要的科学实验，我希望每个人都至少尝试一次。将两只生鸡蛋放在醋里浸泡几个小时或者一整夜，蛋壳会在醋中溶解消失。如果还有些蛋壳碎片残留，那就小心把它剥下来。现在这两只蛋没有壳，但它们没有散开，因为外面还有一层薄薄的皮或半透膜。接着把一只蛋放入蒸馏水中，把另一只放入浓盐水中。不停往水中加盐搅拌，直到加进去的盐不再溶解为止，就能得到浓盐水。一天后，你会发现浸在蒸馏水中的蛋变大了，而浸在浓盐水中的蛋变小了。在这两种条件下，水通过鸡蛋的薄膜从盐度较低的一侧移动到盐度较高的那一侧。禽类的蛋中含有一些盐分，当蛋被盐度更低的水包围时，水进入蛋中；当蛋被盐度较高的水包围时，水就从蛋里跑出来。换句话说，水能穿过半透膜，但盐分不行，至少不那么容易。我们称这个过程为渗透（osmosis），这个词来自希腊语的“推动”。

为了制造饮用水，我们必须让水反向穿过半透膜来驱动渗透过程。如果我们在盐度较高的一侧加压，就能在盐度较低的那一侧得到淡水。在逻辑上，这种做法被称为反渗透（reverse osmosis）。只要有耐用的半透膜，我们就能在工业上应用这种方法。一艘现代轮船每天可以产生1,000吨淡水，排出的盐分被扔出船外。现代轮船采用的是多层塑料制成的薄半透膜。它是由一层强力支撑层聚在一起的分子筛。驱动系统的泵产生的压力为6兆帕（900磅/英寸^2），相当于大气压的60倍、汽车轮胎压力的30倍。

与强制相变相比，水流通过滤网消耗的能量更少，所以反渗透系统所需的能量只有闪蒸馏系统的1/3。这项技术已经很成熟，已经在为世界上几十个干旱的大城市提供饮用水，其中包括沙特阿拉伯的延布（Yanbu）、澳大利亚的阿德莱德（Adelaide）、加州的卡尔斯巴德（Carlsbad）。如果你能发明把小颗粒阻挡在半透膜外的好滤网和强大的压力泵系统，你每周就能产生几百万吨饮用水。市政府仍然需要维护反渗透系统，清洁和更换滤网，但是这项技术花费的能量不到闪蒸馏的1/3，这一优势使得反渗透技术成为干旱区生命繁荣的关键所在。今天，反渗透技术已经是一项很成熟的技术了。

在未来，我们必须做得更好。我们需要更多水，而且使用的能量必须更少。我们如何做到？雨云启发了我们进行蒸馏，鸡蛋给渗透技术带来了灵感。也许将来自然还会为我们提供更好的灵感？确实如此，跟我去沼泽看看吧。

24

是时候把海水中的盐提取出来了

在做《比尔教科学》时，我曾经几次走进沼泽。人很容易在沼泽中迷路，因为每棵树、每条小道和缓慢流动的水看上去都是一样的，而且你无法区分哪条路是下行的。如果你在河口，就能看到这种湿地。在这里，由于植被的关系，潮进潮退的时间并不那么确定，水的流动十分微妙，你无法判断它是流入还是流出。湿地的生态多样性和生物丰度都很高，令人疑惑。湿地的生物也很特别，令人惊叹。为了在沼泽中生存，它们的身体都有着精细的化学构造，其中有一项人类在全球变暖中可以用到。

如果你在佛罗里达州国家公园的沼泽地（Everglades）划船，看看红树林的叶子，你就会明白我指的是什么——这些叶子通常覆盖着一层白色的盐晶体。这些红树林在淡水从北方流向大西洋的河口茁壮成长，生活在盐度非常高的海水中。有几种红树林的根膜非常细，海水的盐分无法进入。它们只允许水分子通过，所以树木能够饮用海水。更奇怪的是，有些红树林的叶子长有可以排斥盐的腺体。它们使用部分从太阳光获得的能量把盐分从叶片中排出，所以盐分在叶子上结晶。

我们是不是可以模仿红树林，找到一种有机方法进行大规模工业脱盐处理？尽管现有技术还做不到，但我们知道这是可行的，看看红树林吧！我们是不是可以大规模种植具有海水淡化功能的农作物或脱盐植物？这些植物也许可以将沿海城市从干旱中解救出来。它们可以为内陆农场提供淡水，灌溉农业，让庄稼在气温升高、降水不规律时仍能健康生长。这种技术可以改善反渗透的效果。红树林式的海水净化厂可以为世界上缺水的地方提供干净的饮用水。总之，全球的生活水平都会得到提高。

我之所以提到红树林，是因为它们实在太神奇了，不过它们不是唯一可以淡化海水的植物。有些海鸟的眼睛也有特殊的腺体，也可以排出盐分。它们通过腺体上密布的血管和半透膜（和鸡蛋膜不一样）将盐分从血液中排出。盐晶体从海鸟的鼻子（确切说是鼻孔，海鸟有着和我们一样的鼻孔）排出。相比之下，人类现在采用的脱盐技术过于笨拙了。我们可以向自然学习，找到更好更有效的脱盐技术。我们需要找到分离盐和水的神奇材料（类似于红树林和海鸟拥有的腺体）。

我们可能已经找到这种神奇材料了，它是普通碳元素的一种特殊形式。我们最常见的碳是木炭和铅笔头上的那种。自古罗马时代以后，铅笔就不再用铅了。铅笔的黑色颜料是碳的一种天然形式——石墨。碳原子具有4个化学键，在大自然中，碳原子通过其中的3个化学键连接在一起。在石墨中，它们排成六边形层状结构，角点与角点相接，在几何上类似于蜂窝。剩下的第四个化学键连接了一个电子。这个电子与相连的碳原子结合得非常紧密，不会脱离碳原子，但这一连接又足够松散，使电子可以在本层六边形结构上下移动。这个电子排斥相邻的两层六边形结构，导致石墨层很容易滑动，所以石墨粉是很好的润滑剂。

上高二时，我曾建议我的化学老师赫鲁什卡（Hrushka）小姐把碳层做成薄片来控制铅笔的硬度。从某种程度上来说，我是在无意间发现这种方法的。在过去的10年中，研究人员一直在研究制造和提取单层石墨的方法。我们这里说的是超薄的单原子层——六边形碳，人们称其为石墨烯，这是一种神奇的物质。

今天最大的石墨烯和一块地砖一样大。它们虽然是固体，但看上去还是透明的，因为它们实在是太薄了。单层石墨烯看上去就像一片灰色的薄塑料。上面说到的那个电子和一个氧原子紧密地结合在碳六边形中，使石墨烯格外坚硬。请想象一个厚度不足十亿分之一米的碳蜂窝或者碳链条栅栏，其中的每个碳原子紧紧地连接在一起，这就是石墨烯在电子显微镜下的样子。任何施加于石墨烯的力都会被分散到整个结构中。当一片石墨烯被施加压力时，它比钢铁强1,000倍。另外，覆盖整个橄榄球场的石墨烯仅重1克，这个重量不足一盎司的1/20，天啊！

除了其他一些特别的用途以外，石墨烯还可以用来产生清洁的淡水。拿一个玻璃杯装水，然后在桌子上慢慢转动。一开始你会发现水落后于玻璃杯的转动，但慢慢地水也开始旋转。如果你看不清水的旋转，可以往水面撒上几粒胡椒。看到这里，你会说："比尔老兄，水当然会跟着杯子转。"但为什么呢？水为什么不直接在玻璃表面滑动呢？

和许多液体一样，水喜欢黏在物体表面。想想金属和油、植物油和木碗，以及颜料和其他任何东西，你就明白了。水分子从与它摩擦的每个玻璃分子上获得一些旋转动能。当你转动玻璃杯时，水分子开始翻滚，水就旋转起来。在单分子石墨烯层上，水分子会快速滑过，而不是扭来扭去和反复翻滚。在接触第二个碳分子前，水分子已经滑到另一边去了，化学家称它的滑动长度大于石墨烯厚度。

如果把水泵入一块又大又均匀的石墨烯，水分子既不会翻滚也不会粘在石墨烯壁上，而是没有遇到什么阻力就从另一侧滑出来了，盐分子则落在后面。这种超薄的大片石墨烯现在还难以在工业上实现，研究人员正在努力接近这一目标。他们利用甲烷气体携带碳原子与一块聚合物板或者塑料板结合。甲烷气体穿过事先特制的孔后流走，不过碳原子留了下来，自发形成蜂窝状的石墨烯。

现在这种石墨烯膜还只能在实验室中产生。整个制造过程必须非常小心，不过研究人员很快就能把它推向工业生产了。假如它可以实现，人类就将能以反渗透技术的一小部分成本实现海水脱盐，这当然比闪蒸馏技术便宜。想象一下有了这项技术，世界会变成什么样。每个人都能喝上干净的淡水，避免水传媒疾病滋生，种植充足的粮食；发展中国家的人们能享受到今天发达国家的人们习以为常的生活水平。淡水来自大海，也最终回到大海。这种技术和抽取地下水大为不同，我们将不再需要开采地下水这种有限的资源。地球的水量已经稳定了几十亿年了。如果处理得当，我们可以淡化和利用大量海水，之后再把这部分水返回生态系统中，不会产生严重的环境影响。全球变暖背景下的干旱将能得到缓解，我们可以在今天（或未来）干旱的土地上种植庄稼。

说到水及其对环境的影响，有人提议我们长距离输送淡水，就像我们输送石油和天然气那样。我的想法是，为什么不呢？这是一项地球工程。不过这和我在前文中描述的那些特意改变地球的地球工程不同，或者说它根本就不是地球工程。人类一直在通过各种方式对地球环境进行区域或全球尺度的改造。下次如果你坐飞机经过加州，试着往下看能否找到加州高架渠（California Aqueduct）和科罗拉多河高架渠（Colorado River Aqueduct）。它们都是巨大的人造河，巧妙的工程设计使河水顺势往下流淌几百千米。有了这些系统，我们可以灌溉南加州广袤的农田和草原。我们已经将半干旱沙漠改造成富饶的农田，我们现在的任务是保持水的流淌，即使气候发生变化。

现在，加州正处于严重的干旱中，不仅庄稼都旱死了，每年的森林大火也多了起来。未来形势只会越来越严峻。北美洲的大多数人依靠加州肥沃的峡谷来生活。根据计算机气候模型，在未来的一个世纪，加州的降水将越来越少。此外，也是最重要的一点，北加州人并不乐意把水送给阳光明媚的南加州，因为那里的居民把水挥霍在游泳池和草坪灌溉上。因此，这引发了一系列相关的问题。我们应该理性地使用、分配水吗？人们应该拥有游泳池和草坪吗？我们应该补贴农业用水吗？我们是否应该放弃加州的农田，转向支持其他地方的农业，即使我们已经在加州的农业生产与运输系统上投资了重金？

即使只有加州存在上面这些问题，那也很棘手。事实上，全世界都面临类似的问题。在许多地方，问题不在于游泳池或草坪，而在于缺少基本饮用水和灌溉庄稼的水。全球气候模型预测美国将受到重创，实际上欧洲、中东、非洲南部和北部、南美洲北部也面临同样的状况。美国国家科学基金会（National Science Foundation）表示我们将面临持久的饮用水问题，但人类会想出办法，找到新的水源。单单减少水支出并不管用，因为在未来的几十年内，世界上会有更多人想要追求更高的生活水平。

如果石墨烯技术真的能以低成本在海边淡化海水呢？我承认，这个想法的效果会大得吓人。我们讨论的是每天在一个面积远大于世界上许多国家的州里处理几十亿吨水。这个想法的关键在于生产石墨烯脱盐滤网并找到可再生能源驱动压力泵。清洁的电能是把我们从气候变化和干旱中拯救出来的关键。

以海水脱盐技术取代引河入渠和抽取地下水等老办法是很合理的。在早晨和傍晚风比较强劲时，我们可以用清洁的风能为海水脱盐厂供能；在中午，我们可以利用太阳能；到了深夜，水泵可以休息，也许我们在这段时间可以做点维护工作，如更换密封圈、清洁滤网等。说到水，我们已经建了不少水库了。在短期或中期内，我们可以只在清洁能源可用的时候启动海水脱盐系统，在其他的时间，水储蓄在水库中备用，这样风能与太阳能不规律的劣势就能规避。

这项计划能解放一些现有的水电站，满足家庭夜间的基础用电。不久以后，我们会推出巨大的储能系统（电池、活塞、抽水机或所有），这样我们就能完全依靠清洁能源了。当清洁能源系统无法工作时，我们可以用小型核电站满足基本的用电需求。我们将完全摆脱化石能源。同时，我们要开发循环利用水的技术，尽可能利用每一滴水。这个愿景说起来容易，做起来却很难。如果我们能实现低成本海水脱盐，剩下的技术难题都是可以攻克的。我们可以做到，如果我们这样做了，将变得不可阻挡。

25

让世界不再挨饿

虽然我不认识读者你，但我想你肯定挨过饿吧？如果你很穷，你大概远比我更清楚饥饿的滋味。确保全世界每个人都有足够的食物是我们为人类及人性所能做的最重要事情之一。生产和分配食物需要很多能源。气候变化给世界上许多重要的粮食生产区带来了巨大挑战。更困难的是，我们要实现一个不断变化的目标，因为世界人口每天都在增加，未来的我们需要用更少能源喂饱更多的人。

这样想：农民利用太阳能养活我们所有人，太阳能总量没有变，但人口每天都在增加。目前人口刚刚超过73亿。人口研究项目预计，到2050年，地球人口将会达到90亿。地球不会变得更大，太阳能总量也不会增加，因此农业水平必须提高——当然是以可持续的方式。我们的目标不仅仅是在2050年喂饱每一个人，还要确保在之后的很长时间里继续养活所有人。为此，我们必须减轻地球的负担。

小测验时间（什么？没人告诉你有小测验）！在所有的人类活动中，哪一项对地球的影响最大？开车或者运输？不是。那么建造城市？重工业？采矿？生产？都不对。在人类进行的经济活动中，消耗最多地球资源、产生最大环境影响的是农业生产。农田产生的温室气体总量远超过私人汽车、卡车、火车、轮船和飞机排放的气体总量。与此同时，世界人口将在2050年超过90亿，在2100年超过100亿。如果我们还想喂饱每一个人，并且让每个人吃得比今天还好，我们要想得更长远。下面的一些数据能提前帮我们厘清将来的任务。

地球的总表面积是5.1亿平方千米，其中71%是海洋，剩下不到30%的陆地可以种植和畜牧。仅人类这个物种就耕种了11%的陆地，但即使土地占据这么大的比例，每7个人中还是有1个人在挨饿。这不是因为食物不够。根据研究人员的估计，在农业生产的所有食物中，只有55%成功上了餐桌，剩下的45%被虫害、植物疾病、腐坏以及我们自己的浪费糟蹋了。在美国的家庭和餐馆中，每小时就有超过100吨的食物被浪费。太可耻了！在发展中国家，数以吨计的食物因为没有冷藏设备或者来不及被送到人们的餐桌上而浪费。

太多我们生产的食物不能及时送到需要的人手中。虽然这是一个可以解决的问题，但是我们必须开始行动。我们要减少浪费，更好地保存生产的食物，更有效地分配食物，还要生产更多食物。这是伟大的下一代注定面临的挑战之一。我觉得，为了给所有人提供更多食物，我们需要在两大公共服务方面取得巨大进步：向需要的地方提供电力和清洁的水。

我常常在各种场合提起我的叔叔伯德，他是一位杰出的炸药销售员，也是一位绅士农民。每当他派我和表哥去开拖拉机时，我们总是玩得很开心。但如果你问他或者他的农民邻居他们在想什么，他们总不会立即回答，因为他们在看天空是不是要下雨。农民总是时刻关注天气。他们的生计在很大程度上取决于下多少雨、何时下雨——农民很关注水。如果你有机会坐飞机经过美国西部或者加拿大，从上往下看，你会见到巨大的绿色圆。它们其实是农作物。洒水器在圆中心转动，均匀地把水洒向圆形的农田。北美洲其他地方的农田都是矩形的，但不管怎样，庄稼只在有水的地方生长。

2015年夏天，和世界上许多地方一样，由于降水规律发生变化，加州的降水越来越少。这种趋势将因全球变暖而变得更糟，有时人们为了争夺水甚至不惜诉诸暴力。对水和水坝控制权的争夺使中东的冲突不断升级。大河的控制权争夺总是引发各种政治冲突，以美国的科罗拉多河为例，由于上游的许多州都想尽办法多占用河流资源，下游的墨西哥只能获得涓涓细流。有关地下水所有权的纷争也越来越多。你可能没有想到，但正如地上有众多河流系统，我们可以在河里划船，地下也有星罗棋布的河流系统。在人类掌握抽取地下水的技术之前，地下水的储量非常大。

我曾经在得克萨斯州西部和新墨西哥州的油田工作过几年。我们在抽取油的同时，也在抽取黏稠的盐水。其实深埋在地下的不只有远古海洋生物分解形成的原油、焦油和天然气，还有许多水。为了保持地下压力和油井中的液体流动，抽出的水一般被泵回地下。这些水来自一些含水的岩石。在一些地方，地下水的水质很不错，非常适合灌溉农田或者给牲畜饮用。人们为这些水纷争不断。得克萨斯州抽取地下水会影响新墨西哥州的水井，这就像上游的人把水喝光了，下游的人就要渴死了。在一个地方抽取地下水会引起另一个地方的干旱。

过度开采地下水的问题在中东地区愈演愈烈。人们已不再满足于山上的水通过地下含水层自然地流到低洼城镇，而是费力地将深层的地下水抽到高海拔地区灌溉庄稼。请注意，在高海拔地区，自然供水是一件比较困难的事情，因为水往低处流。只有现代的水泵才能使自然供水在底格里斯河（Tigris）、幼发拉底河（Euphrates）流域以及美国的得克萨斯州和新墨西哥州发生，但抽取地下水会扰乱农业，更可能影响其他各个方面。该怎么办呢？

如果你坚持读到这里，就会知道我对工业海水脱盐寄予了很高的期望，不过要灌溉内陆的大片农田仍然是一项艰巨的任务。还记得那句老话吗？致富有两种方法：要么拥有更多，要么需求变少。在全球变暖中，农业的未来取决于能否找到利用日益减少的降雨量生产更多食物的方法。能不能以更少的水种出营养又美味的庄稼？能不能用更少的土地种出满足现在和未来数年人类生存所需的粮食？能不能以更少的化石燃料来经营我们的农场？能不能用更少的农耕机械播种、培育和收获农作物？这些都是现代农民和农业公司要思考的问题。

我在大学讲课时，总是喜欢用幻灯片描绘精准农业。如今，发达国家的农民可以精确地知道一块面积不足10厘米 × 10厘米的土壤的化学成分和微生物多样性。这些数据由绕地球旋转的卫星搜集得到。利用这些来自太空的信息，拖拉机的播种、翻土、施肥作业能最优化每一株农作物获得的养分。每一株植物都能获得适量的肥料和除草剂，这是以更少能源做更多事情的绝佳范例。

我每年去特拉华州看望父母时，都会惊叹于那里的农业灌溉系统——它们非常庞大。每当我去现代体育场看棒球比赛时，都会情不自禁感叹绿茵场的美丽。如今，许多灌溉系统都是隐形的。相比从上而下喷洒的系统，隐形灌溉系统给草提供更多水，而且因蒸发而浪费的水也减少了。我把它们和自己花园里用的那套进行了比较，想知道它们是否有很好的前景。大型农场的灌溉系统虽小但效果好，对此我并不会感到惊讶，我有种预感，未来的灌溉系统将能以更少能量把水泵送到大农田，同时不会损失很多水。

在我自己家的花园里，我用吸湿珠做实验。吸湿珠是一种能存水的凝胶球体。当土壤湿润时，吸湿珠像球形海绵一样吸水；在缺水季节，它们可减缓土壤的干旱，非常耐用。我期待这种吸湿技术得到大规模应用。假设吸湿珠可以保存5%的水使其不被蒸发（当然，制造商声称吸湿珠的保水能力能达到50%），5%意味着全球农业区每周可以省下几十亿吨水。如果这项技术得到推广，那么每位农民都能以更少资源做更多事。

将这个想法更进一步，我畅想在农场上进行大规模储电。在大片空地上给太阳能或风能发电系统腾出一些地方应该不难，这些发电系统可以为一片或几片农田供电。美国的腹地上已经建起了一些名副其实的“风能农场”。未来的农业机械将使用电力，农民每年不再需要购买和燃烧几十亿吨燃油。我们必须鼓励农民发展电动农场设备。我们可以通过对产生二氧化碳等温室气体的行为收取一定费用使清洁电能赢利。不再燃烧汽油或柴油将使农田对环境的影响显著降低。

许多生产肥料、杀虫剂、除草剂的公司已经转型为生物科技公司。它们正在研发耐旱、产量更高、在暴风雨天气也能存活的蔬菜。这些种子公司包括巴斯夫（BASF）、拜耳（Bayer）、陶氏化工（Dow）、杜邦（DuPont）、先正达（Syngenta）和孟山都（Monsanto）[①]。除此之外，还有一些规模较小但稳定的企业也在做同样的努力，它们分别是美国的爱利思达生命科学（Arysta Life Science）、日本的住友化学工业株式会社（Sumitomo Chemical）、澳大利亚的新农公司（Nufarm）、以色列的马克希特姆阿甘公司（Makhteshim-Agan）。

最近我在纽约参加了一场政治集会，集会的主题是反转基因生物，也就是说，集会所有参与者都反对把转基因生物送上我们的餐桌。我之前一直对转基因生物（确切来说是转基因食品）持怀疑态度，因为我不确定这些新型生物会对生态环境产生什么影响，但是在拜访了密苏里州圣路易斯（St. Louis）的孟山都公司和纽约伊萨卡（Ithaca）康奈尔大学的博伊斯汤普森植物研究所（Boyce Thompson Institute）后，我改变了看法。

今天，研究人员检测基因的速度快得惊人。在我参观的实验室里，科学家获得完整基因序列和植物细胞中新分子结构的速度要比6年前快千万倍。有了这项技术，农业生物学家可以精确地评估每个基因在植物中发挥什么作用。他们的研究非常精细，而且美国食品系统的制衡体制也非常完善，所以我不应该再像以前那样担忧转基因食品。转基因食品的优势是显而易见的。新型植株变种可以更快地培育耐旱或耐盐的植物，产生更大收益，生产一系列新农产品以应对大农业区的气候变化。这项研究已在开展

---

① 2018年6月7日，孟山都公司被农化巨头拜耳收购，从此退出历史舞台。——译者注

中，我相信在未来变化的世界中，它将成为改善和扩大食品供应的重要手段。

人们不愿接受转基因食品，主要是因为对大公司的不信任，而不是基于食品或生态系统的安全考虑。孟山都公司的高调诉讼[①]加上许多年前生产的可怕除草剂——橙剂（Agenet Qrange）[②]以及现在的主打产品——草甘膦除草剂激起人们的怀疑和敌意。人们把小型农场的概念浪漫化了，从骨子里就不相信大公司。不过商业世界一直在改变，各地的公司都在合并，变得越来越好。比较80年前的汽车制造商数量和今天的制造商数量，你就会发现之前的几十家公司已经合并到现在的不超过10家了。同样的事情也发生在农业中。对许多人来说，这是一个令人遗憾的变化，不过这都和转基因食品是否安全无关。

不管怎么说，在反转基因食品集会中待上几分钟，我可以告诉你吓到我的不是大公司，而是参与集会的人。我参加过一场这样的集会，有个发言人坚称美国总统奥巴马（Barack Obama）是由农业巨头派来控制人们心智的恶魔，是阴谋的一部分。这个拿着麦克风激情演说的男人越过了我心中的红线。对我来说，阴谋论意味着懒惰，意味着将一个人的问题或者世界的问题归咎于其他人。我非常确定，世界上绝大多数问题都源于所有人想要生存下去。我完全支持合理的质疑，不过这些人看上去无知，而且沉迷于为他们看到的社会问题寻找替罪羊。我非常确定，只要合作，我们就能解决气候变化问题，改变世界；我同样坚信，如果背离了技术，我们不可能取得成功。

---

① 越战美军因为提供“橙剂”遗毒300万军民而遭越南索赔。——译者注
② 一种高效落叶剂，会对人体和环境产生危害。——译者注

这些农业巨头实际上正在世界的每片田地上以更少资源做更多事。创造利润当然是目标之一，每个行业都是一样的。有机农业也是如此（哦，我的天啊）。研究人员利用转基因技术培育能抵御疾病、害虫和干旱的农作物。这种农作物无须耕土，不怕除草剂，可以在其他任何植物（更别提庄稼了）都无法忍受的高盐环境下生存。

我和孟山都公司以及康奈尔大学的科学家交流过，他们相信全球耕地面积在未来几十年会受到环境制约以及技术进步的双重影响而不断减少。转基因食品不是唯一的技术进步，却是重要的一环。那些科学家经常引用以下数据：今天的耕地面积占陆地面积的11%，但到2050年，这个比例将下降到9%。这减少的2%相当于养活90亿人的土地减少了4,500万公顷。这意味着农民要放弃一些土地将其用于城市扩张、植树造林，放弃因气候变化而变得不宜居住的土地，但仍要为每个人生产足够的粮食。科学家和农民相信，这种减少将以“可持续农业集约化”（Sustainable Agricultural Intensification）的方式持续下去。他们相信通过引进新种子和新农作物品种，在更少的土地上生产更多的食物，他们就可以改善农业。

耕地减少意味着我们要恢复或重建河岸湿地或海岸湿地，而湿地可以在未来的几十年内增加生物多样性。这可能是反转基因集会参与者始料未及的结果。当然，未来会有新的害虫、疾病和有害野草出现，但科学家相信转基因作物可以抵御这些危害，我也相信它们可以做到。

科技对于人类的生存在另一个层面上也很重要。如果发达国家的人们可以帮助发展中国家修建基础设施、铺路、为乡村通电，许多问题都可以迎刃而解。道路改善了，货物就更容易运到市场；有了可靠的电能，农民就能使用冰箱，仓库也有照明了。另外，当全世界的农民都连上因特网，他们就能协调种植计划，充分利用市场。

大约在10年前，我有机会采访了几个提倡可持续农业的人。为了支持咖啡的自由贸易，我给一些非洲农民订了一种特制收音机。和普通收音机不同，它们通过一块小太阳能电池板或由农民自己来充电。收音机的背面有一根曲柄，只要农民或者精力旺盛的孩子转动这根曲柄，能量就能储存到弹簧里，再由内置的发电机转化成电能，咖啡农民就能收听到咖啡的实时市场价格，并了解咖啡的当前价值。以前由于农民不知道市场价格，骗子以很低的市场价格收购咖啡，然后再以高价卖出，现在农民不会那么容易上当了。信息技术让咖啡种植更高效、更智能，让辛苦劳作的人得到应有的报酬。

想象一下信息的种子播种到每一片农田，每个农民都能接收到最准确最及时的天气信息、最新的农业技术、充足的水资源以及最精确的市场价格。这将提高效率，我们可以用更少的地球资源养活更多人类。

虽然我们一直在努力寻找提高农业效率的方法，但我想指出，以经济手段鼓励农民大规模种植单一农作物并不是个好主意。大规模单一养殖导致蜂群和帝王斑蝶种群出现问题。今天的商业蜂都是流动工人，它们被卡车长途运载至种植单一庄稼的农田上采花蜜。因此，蜂群不够健康也就不奇怪了。如果帝王斑蝶的食物马利筋被常用的除草剂消灭了，帝王斑蝶就很难找到充足的食物。现代农业应该更注重可持续化。我虽然不是专业农民，但还是觉得要将传统农业（农牧结合）与种植多样化农作物的现代生物技术结合起来。

我们需要以更少资源生产更多农产品，我坚信我们可以做到。发展中国家的生活水平每天都在提高，人们的寿命也越来越长，所吃食物越来越有营养。相比50年前，谷物的消耗量翻了一番。绿色革命（Green Revolution）使得印度以极少耕地（工业化美国的1/6）养活了10亿人，但今天的食品供应在很多方面都是不可持续的。全世界人们消耗的肉类是50年前的3倍，捕捞的鱼类是50年前的6倍。我们不能再以大量排放二氧化碳的方式耕种，我们必须让鱼类和贝类休养生息，维持种群数量，不能再无休止地向大海索取。

我在前几章中讨论的许多观点在这里汇总：无碳交通工具、高效生产饮用水、生产和使用清洁能源、高效储存能源。所有这些都要求以更明智的方式来利用土地和更有针对性地改良我们的农作物。让我们利用创新技术修建更好的路，提高冷藏手段；让我们不再浪费，以免将来缺乏。我想所有农产品的生产者和消费者都会同意这一点。

26

欢迎来到我家

讨论能源和气候变化问题最困难的一点在于把握问题的尺度。气候变化是个全球性的议题。当人们讨论风能、电池储存、更好的电网等想法时，总会涉及全国家、全行业，甚至全球性等词语，讨论总是牵涉数十亿人、几百万平方千米、万亿瓦特、十亿分之一米。我没有数手指，也经常罗列一些大数字，也许你已经注意到，我在本书的前几章罗列了很多数据。当问题如此之大时，我想这是不可避免的。

但正如我之前提过的，这些问题也很小。它们涉及改变我们生活的技术改革，涉及改变世界的生活方式。我知道这些，是因为我亲身经历和实验过其中的许多想法。我努力在自己家实践"以更少资源做更多事"的理念，以了解这些新技术在全世界社区应用的可能性。因此，我现在暂时把改变世界的巨大蓝图搁置一旁，带你去到我家参观一番。我把它称为“奈的实验室”，它和地球一样，只不过小一些。

我的家就是我的实验室。我不是说我家中的某个房间被我用作实验室，而是说我把家看成一个含有许多子系统的整体。我的家装有太阳能发电系统、太阳能热水系统、电控节水系统、特制窗户、被动式通风系统，此外，主要活动空间的上方和下方都装有特制隔热板，前院和菜园都安装了主动和被动灌溉系统，当然，房子里还装了一些新潮灯泡。所有这些都采用现有科技，每个子系统都包含一些优秀的设计和材料科学。如果世界上每一栋建筑都能采用上述的一些设计，我们降低的总能耗将超过10%。这代表数十亿瓦时可利用能量（又是一个大数字）。在这里，我想再次强调，千里之行始于足下。

我家位于加州洛杉矶的斯蒂迪奥城（Studio City）。正如圣费尔南多谷（San Fernando Valley）的当地居民所说，这座城市完全坐落在山谷内。出于一些原因（我在后面会有描述），我萌生了利用现有技术储能的想法。首先我承认自己是个修补匠，我沉迷于以更少资源做更多事情的想法。对我而言，这意味着在家中尽可能节约能源。我不断设计一些小发明来节约能源，利用太阳能发电、加热房间和烧热水。

我知道自己已经成为一位小名人了，我能挣到足够的钱来实现自己的想法。我没有孩子在上大学，这也帮我储蓄了一点钱。不过我要声明的是，我投资在设备上的钱远少于附近街区一个小型游泳池的花费，也少于街上随处可见的漂亮跑车的花费。这些系统节省了很多能源和金钱。和一辆好车不一样，我的投资在10年内就能收回成本，这主要看机会，也需要时间。对我来说，这其中的乐趣无穷。

例如，每60天的电费账单只有10美元，这让我感到快乐；开电动汽车很有趣，所需电费只是以前汽油费的1/5，这也让人欣喜不已；白天阳光明媚时看到电表倒转也让人快乐无比。看到热水器控制器的指示灯在你洗澡时熄灭同样是一件乐事，因为太阳能加热过的水已经从储水箱浇到你的头上。不过关闭照明灯的开关后意识到并不是你忘了关灯，这有点令人沮丧——并不是因为灯没关，而是因为许多自由的光透过优雅的圆顶形透镜从屋顶上泻下来。这些都是幸福的烦恼。需要做很多设计和规划工作，不过它们非常吸引人，充满乐趣。

我亲爱的邻居弗雷马（Frema）在86岁时去世了。她曾经告诉我，她和她的丈夫刚搬到圣费尔南多谷时，这里还是十分安静的乡村，橘子树到处都是。今天，圣费尔南多谷是南加州横向发展计划的一部分。我家街上的大部分房子都建于20世纪50年代。在那个时代，所有生活在阳光明媚的南加州居民都没有想到隔热、节能和长期干旱等问题，不过我们现在都要考虑了。我知道有些邻居的每月水费高达1,000美元，这可是一笔可观的生活费。

我出生时，美国正经历糟糕的污染。空气中的有害物质能杀死睡梦中的人，宾夕法尼亚州的多诺拉（Donora）小镇就发生过类似的事情。因污染物太多，俄亥俄州的凯霍加河（Cuyahoga）曾发生过着火事件。20世纪70年代，自我在工程学院上学以来，就参加了华盛顿特区最早的几次地球日活动。那几次活动提倡节约能源，以更少的能源做更多的事情。我有一本珍藏的教科书，名为《热传输原理》（*Principles of Heat Transfer*）。书中用了很大的篇幅介绍如何利用太阳能进行家庭供暖、烧水。这本书是40年前编写的了，但至今我们仍很少利用这些工程原理，我常常为此感到很无奈。在我还是个学生时，我在美国机械工程学会（American Society of Mechanical Engineers）的会议上见到了那本教科书的作者——弗兰克·克赖特（Frank Kreith）。我们在拥挤的楼梯上相遇，进行了短暂的交流。我试图向他解释我是多么喜欢他书中关于太阳能的章节。他咧嘴笑道："谢谢，现在去实践它吧！"这句话一直在我脑海中徘徊，我在31年后终于实践了他的想法。

27

我与邻居的绿色家装比赛

2001年，因为要录电视节目的关系，我搬到了洛杉矶。起初几年，我住在一幢非常好的公寓里，但后来我决定自己买一栋房子。我现在必须承认当时我是为了和邻居攀比。我当时的邻居是贝格利（Begley）一家。小埃德·贝格利（Ed Begley Jr.）是一名演员，以节能的生活方式而闻名。我搬进新家时，注意到他家的屋顶上装有太阳能电池板，发电功率达到9,000瓦。不仅如此，他家还装有热水器，他家的玉米秸秆总是堆得比NBA球星的眼睛还高。

我很钦佩他的选择，并且想要效仿。我们之间开始了一场友好的比赛：贝格利和奈，谁的家更“绿色”？我成了他们的节目——《和埃德一起生活》（*Living with Ed*）的常客。《和埃德一起生活》讲述了妻子拉谢尔·卡森（Rachelle Carson）[①] 如何忍受她

① 美国演员、制作人。——译者注

的丈夫——一名狂热的环保主义者的奇怪生活方式，尽管她通常很支持丈夫。这个秋天，贝格利一家将搬到1千米之外另一个更绿色、更环保的家。他们的新家是用回收材料建造的。我仍然在和埃德比赛。我经常在想，我是否要采用生活废水收集系统？我是否要在后院挖出一片空间来安装蓄水池？大多数时候，我深情地称埃德为贝格利，“我在看着你，贝格利……我在看着你”。我们从比赛中找到乐趣。

让我们回到原来的话题。尽管埃德和拉谢尔有一个两车位的车库，但实际上车库只能停放一辆车，因为他们在其中一个车位上整齐地堆放着又大又重的电池，要用铲车才能移动这些大家伙。它们就堆放在传统铲车的托盘上，由手腕一样粗的缆绳绑在一起。埃德的妻子拉谢尔只能委屈一下，将她的车停在街上，因为埃德的电动汽车停在车库里。在我写下这段话时，他们仍然是夫妻呢。

搬家后，进行开箱收纳工作之前，我考察了贝格利家的所有装置。我意识到自己能够进行一些短期、中期和长期的投资，让自己的家变得比贝格利家更高效。

自然对流

多数家庭的车库都堆满了不经常用、可以扔却没有扔的东西，眼不见心不烦，所以它们就被放在车库里。为了改造车库使其变得更舒适，我想到了一个节省能源的主意。我的车库非常暖和，实际上是热得让人受不了，让我不想待在车库里，也不想把自行车或汽车停在里面。我想在车库的墙上挖一个大洞，装上窗式空调。我花了很多力气实践这个想法，结果发现这个空调耗电过大，所以我最终还是放弃了。

基于自然风向，我加入的通风系统必须引导风从南往北吹。我顺势而为了，在南墙底部和北墙靠天花板处各开了一个矩形的通风口。北墙的通风口非常高，所以草坪除草时不会有草屑飞进来。我还装上了一般阁楼通风用的天窗，边框采用上漆的木材。

太阳照射北半球时，北半球房子的南面总是比北面热。正如加里·库珀（Gary Cooper）主演的电影《日正当中》（*High Noon*）中的情景，太阳总是高挂在正中天，但是在现实中，美国西部的太阳总是在南面，因为我们位于赤道的北部。我遇到过一些很聪明的人，但他们都错误地认为太阳在正午时分正好在我们头顶上。不管是在科学上还是在天文学中，事实不是这样的。对了，为了证明我没有说疯话（至少在这件事上没有），我在南北两个通风口旁各安放了一个表盘温度计。

事实正是如此，屋顶变得很热。车库上方的空气由于重力作用被迫从上通风口排出，再由下方的通风口补充进来。温度计显示，每天上下两个通风口的温差都维持在1.5摄氏度。这个温差使重力为我工作，这是自然对流。你可能说“热空气上升”，这个原理在地球上当然是对的，不过热空气上升不是自身的原因，而是被重力推动。如果没有重力，世界上就不会有自然对流。热空气是被下方的冷空气挤出车库的。车库内的空气一直在流动，即使是在南加州温暖的冬季。这个很小却很麻烦的温度问题通过工程方法解决了。我没有在车库里安装空调，可是车库却很凉爽，适合工作，这就是我的第一个节能策略。顺便说一下，我希望我们都能区分由热量和重力推动的自然对流与电扇或给热汤吹气引起的强制对流。前者是免费的，后者则需要消耗能量。

测量两次——充分利用空间

正如你所想，我是那种会在车库里待很久的人。我总是在车库里一边修修补补，一边思考收音机里传来的棒球比分。为了给我的1辆汽车和四辆自行车（我当然一次只骑一辆，从这种意义来说，自行车就像鞋子）腾出空间，我尽可能利用车库天花板和我头顶之间以及墙与墙之间的空间。为了把所有东西都塞进车库，我自制了头顶储物架，并在工具柜、钻台、锯床之间安装了工作台。我给它们上了漆，并在所有螺丝帽下都放置了垫圈装饰。知道为什么吗？因为看上去漂亮啊。

我的工程同行和亲爱的贝格利通常不在意美观。为什么不把东西弄得漂亮点呢？更何况，市场上能买到的标准尺寸工作台不是太长就是太短。这是一种能节约能源的东西，因为你不必去别的地方完成工作，维护工作不会因为没有工作空间而被推迟。我承认这可能是工程师或修补匠的一种偏见，不过有效的工作空间就像整洁的厨房一样，能够节省能源。

不要犹豫——隔热层上的小窍门

如果你住在一个房子中，请给阁楼或者屋顶下的空间做隔热层。虽然南加州阳光明媚，但这里其实被气候学家称为半干旱地区，南加州的峡谷距离我们称为“高地沙漠”的地方不远。高地沙漠没有云，直接暴露在漆黑寒冷的夜空下。冬天，夜晚非常冷，每年有几个早晨，到处结霜，路边的排水沟也结了冰。到了夏天，气温又经常超过39摄氏度。如果没有隔热层，我的暖气账单，特别是空调账单，将比现在高许多。我用由风扇驱动的特制鼓风机往隔热层里吹风。这很简单，也是很常见的技术，你到处都能找得到熟练的工人以合理的价格安装这一装置。

不过为了追上贝格利，我往前迈进了一步，这是从太空项目中衍生的一项技术，当时还不太常见。熟练的工人在我家房顶的下侧（靠房子内部的一侧）喷上闪闪发光的油漆。这种银色油漆含有陶瓷材料的微小颗粒，可以将屋顶下部的热量反射出去。我注意到网上有许多关于这种材料的讨论和报道。这种材料通过辐射而不是传导来改善我家房子的热平衡。它是一层非常薄的涂料。和毯子的隔热原理完全不同，它反射辐射热。

热辐射的波长长于我们肉眼能看到的光的波长。顺便说一句，猫头鹰和其他一些生物能在黑暗中看到热辐射。这层涂料涂在我家屋顶木材的下侧，位于天花板的隔热层之上。任何穿透隔热层的热量都会辐射到上面的屋顶，通过木材传递到屋顶板，再进入大气中。有了这层闪亮的涂料，部分红外能量被反射回来，使房屋变得更暖和。

这层闪亮的涂料还有其他作用。夏天，当太阳光从屋顶穿透下来，屋顶的木材会变热，木材辐射的热量最终到达隔热层和天花板。有了这层涂料，向下辐射进入隔热层和生活空间的热量会减少。深色表面不仅吸收更多热，也辐射更多热。换句话说，黑色汽车不仅在夏天比浅色汽车更热，在冬天也比浅色汽车更冷。你可以感受一下。在炎热的一天，将你的手掌分别放到黑色汽车和白色汽车的车顶上，你做这个动作时要小心，不要看起来鬼鬼祟祟的。在寒冷的一天，尝试做同样的事。你会注意到，在寒冷的夜晚，与白色汽车相比，黑色汽车的车顶更容易结霜。

许多人对热辐射阻隔涂料都有误解。他们认为涂料本身就是隔热层。如果这是真的，从逻辑上来说，你可以把房间内墙都涂上这种涂料，然后就会感觉像裹在被子或毛毯里一样暖和，但这种想法是错误的。闪亮的涂料影响的是建筑的热辐射而不是热传导。这层涂料只有用在屋顶下才有效，如果涂在客厅墙的油漆层下，效果就没有那么好。

正如我们指出的，在科学中，没有冷，只有热量的缺乏。黑色表面更有效吸收或辐射热量的性质正是这种材料首选黑色的原因。作为理解这种涂料的第一个切入点，事情就这么简单。顺便说一句，如果你仔细想想，会发现铬并不是汽车排气管涂层的最佳选择，因为它太容易变热了。这就是为什么许多镀铬排气管都掉色了：金属镀层无法耐热。不过外观在汽车销售中非常重要，尤其是在汽车店的展厅。

壁炉大改造

我的房子建于1951年，在那个年代，冬天保暖就意味着离火近一点。我家仍然有个壁炉，它已经有超过60年的历史了。我住在西雅图时，经历了2002年的那场地震。许多砖石建筑都在地震中受损了，我的西雅图房子的烟囱也松动了。因此，我希望洛杉矶的这套房子的烟囱能够抗震。我曾经想过不要壁炉和烟囱，这样就没有麻烦了。不过作为一名合格的童子军和露营者，偶尔生个火对我来说是件很有吸引力的事情，所以我决定重新整修烟囱。我请来一支熟练的工人队伍，他们给烟囱的砖涂上了一层特殊的防火玻璃增强砂浆，将烟道的内井也整修了一番。经过他们队长的一番推销，我买下了一个反射器。它是一块安装在开槽支架上的不锈钢，形似欧洲的面包盘。我试用之后，对这个反射器为室内提供的热量感到非常惊讶。

反射器的尺寸虽然只有60厘米 × 60厘米，但使壁炉释放的热量大增。我一开始不相信，所以在壁炉前支起了一个红外测温仪。我分别测量了有反射器和没有反射器时的温度。没有反射器时，测温仪显示为36摄氏度；有反射器时，测温仪显示为42摄氏度。这等于一整夜开中央供暖系统和不开中央供暖系统的温度差。这个反射器乍看上去完全不起眼，像是事后才加上去的辅助部件，而不是可以解决棘手问题、彻底改变人类室内加热技术的完美工程创意。

我把一大片硬纸板塞进了壁炉的后面（当然是在火熄灭的时候），由此得到壁炉后墙的精确形状。经过专门定制的反射器释放的热量达到了全方位覆盖。根据我在航空电子界的从业经验，如果你把手掌放在一块金属（如飞机辅助驾驶系统的黑匣子）上，在不到1秒钟的时间里你就不得不把手缩回来，那么这块金属的表面温度大概是60摄氏度。我可以告诉你壁炉后面的温度可比60摄氏度高多了，反射器释放的热量真的太棒了。

我还给壁炉做了另一个重要但不复杂的改动。这个改动很少见，但我认为世界上每个拥有壁炉的家庭都应该这么做。这项改动是：火焰燃烧所需的空气来自与房屋外部相连的管道，这条管道从烟囱后部接进来。改造烟囱的工人在排灰溜槽上做了这一改动。壁火不再消耗室内的空气，而是从屋外获得氧气。它会使你感觉到的热量有所不同。如果火从室内吸取空气，那就相当于将室内空气加热对流，然后排出烟囱外，你还要为此付钱。天哪，这糟透了。我的房子有个特点，就是密封性非常好。如果我烧着壁炉，并把安装在壁炉上方几米的排气扇打开，烟就会被吸入室内。房子的密封性很好，排气扇也很结实。火焰的气味让人感觉舒适，但一切都是适度的。

烧木头生火已经过时了，我承认自己搬进新家后立马买了半捆木头，但我现在给自己定了规矩，再也不烧木头了。在你生气得想要把我的头咬下来之前，我真的觉得壁炉不会在这世界上存在很久了。即使我只在下雨天生火，它还是会把一些颗粒污染物排入洛杉矶已经很糟糕的大气中。在化学上，我只是把树木从空气中吸收的一些碳再释放回去，没有增加空气中的二氧化碳量，但烟雾和颗粒物绝不是好东西，需要严格监管。因此，对我而言，壁炉取火算是一种放纵，是一种偶尔的放纵。

在我离开这个话题前，我必须提一下，在过去的9年中，我只烧当地的木材，这里的当地是指我的房子所在的街区。至今为止，我的邻居修剪和砍倒的树枝完全够我用了，9年以来，我没有买过任何木材。如果我所在的街区里有谁砍树，我会推一辆小推车过去，带几根大木头回来。当然我每年限制自己只用几次壁炉，我不会烧掉很多木材。下雨天是烧壁炉的最好时候。自从参加童子军后，我就很喜欢砍柴和劈柴，可能是因为砍柴让我想起了林肯（Abe Lincoln）。坐在炉火边可比整天坐着写书更让人满足。这时，我对自己的选择持开放态度，但我想未来自己会放弃烧壁炉这一习惯。关于火带来的乐趣以及我对邻居的空气质量产生不利影响，我能说出一堆故事，但至少那些木材没有直接进入垃圾填埋场。在垃圾清理场，木材直接被细菌分解成二氧化碳，没有给人类带来火的享受。

将来，或许会有小孩反问我："比尔叔叔，你为什么不设计一个装置来收集细菌分解腐木时产生的甲烷，然后利用这些甲烷制造海水脱盐处理所需的石墨烯呢？"现在我还没有一个特别好的答案。解决气候变化问题是个循序渐进的过程，要一步步来。

堵上漏风处

正如我前面提到的，我家房子现在的密封性很好。不过几年前，它漏风很严重，多亏了我的好伙伴贝格利给我介绍了一家专门做房屋隔热的公司，我请他们帮忙寻找漏风处。如果你没有听说过这种寻找漏风处的办法，我建议你也可以试试。他们在我家正门放置了一台风扇，然后用一种异形板把整个房子包起来，用胶带封好，接着在房子周围来回寻找可能有问题的地方，并撒上很细的粉末。结果发现，墙上许多留插座的地方都是漏风处，但它们很容易堵上。

我们找到并堵上了一些漏风处。我确定这样做节约了一些能源，省下了一点电费，不过这家公司最大的贡献在于帮助我减少了地板（即房屋底部）的热量损失。在我居住的社区中，房子都没有地下室。当时洛杉矶峡谷地区刚刚开始发展，没有地下室的房子的造价比较低。另外，这里是地震易发区，有些地方还有地下河。一旦附近的陡坡遭受强降雨——虽然最近不常见——地下室可就要遭殃了。

如果你很有干劲，可以爬到房子底下安装报警器的电线、网线或者屋内设备的控制线。我当时就全副武装，戴上很紧的安全帽爬到下面干了这活。在房子当初建造的时候，为了让空气在地板下循环，房子的通风口只比地面高出一点。我计算了我家的房子和基础之间所需的通风量，然后发现75%的现有通风口都是多余的。于是我用一层白塑料板覆盖裸露的土壤，将这75%通风口密封。塑料板的白色和阁楼涂层的银色一样，可以反射辐射热。另外，这些塑料板使得在房子下面工作这件事变得容易多了——你可以像溜冰的孩子一样滑行。当我在下面爬来爬去时，一切都变得更干净了，我认为这要归功于风小了，粉尘少了。

哦，当我们在房子下面工作时，工程队叫来了一些移除石棉的专家。以前的采暖方案留下了一根长2米、直径20厘米的坚硬石棉管。我承认这根石棉管看上去挺漂亮的，看起来像象牙或雪花石膏，不过锯开它时产生的烟尘非常危险。工程队把石棉管封在厚重的塑料套内，并将它运到亚利桑那沙漠中埋藏。虽然石棉是一种坚硬的岩石，但它其实是自然纤维，多年来一直被用作工业用途。人们从地层中获得石棉，所以埋藏它不仅眼不见为净，还符合逻辑。

所有这些，我只花了很少的钱（少于一家人到附近海边旅馆度假的花费），但我改善了房子的节能特性。隔热措施、辐射涂料以及填充漏风处都很有趣，但大开销还在后头呢，后面每一项的花费都可以买一辆新车了。

来些新窗户怎么样

在我所做的所有改进之中，最节能的项目是换上高性能的窗户。对许多人来说，窗户听上去没什么技术含量。为什么要关心窗户呢？窗户其实就是墙上的一个大洞，阳光自窗户流入，建筑获得热量，或者建筑内的热量通过窗户流失到冰冷的屋外。控制能量收支对节能非常重要。

如果你从来没试过以下我说的事情，今晚就试试看。掀起窗帘或纱窗，透过窗户看向屋外的夜晚，静静地坐在椅子上，把你的手心贴在窗户上。集中精神感受你手心传来的温度，接着把手心朝向屋内，然后再把手心转向屋外，如此反复。你应该能感觉到屋内外温度的差异。当你的手心朝向屋外时，手心的热量辐射到屋外，所以你觉得冷；当你的手心朝向屋内时，屋子的热量经由墙壁反射到你的手心，所以你感觉暖和。

我雇用了一位熟练工人帮我测量窗户的框架，选择合适的框架、玻璃和开关机制，然后把房子里的所有窗户都更换了，这项改造总共花费的钱足够我买一辆中型汽车了。贝格利只更换了几间房间的窗户，而我换了所有的窗户！贝格利啊，你那些老旧单层窗户的保温性能可是很差的，哈哈哈……

我所选用的现代窗户还使用了一项高科技：玻璃的放射率很低（low-E）。它们不会像普通未经过处理的玻璃那样散发热量。这种窗户表面涂有一层非常薄的金属点阵。金属点非常细，分布也很密，肉眼不可见。这层金属点和太阳眼镜的涂层类似，可以让可见光透入室内，同时反射红外光，隔绝室内外的红外热量交换，使室内冬暖夏凉。另外，由于窗户的框架都是专门定制的，并且在安装过程中进行了仔细密封，当所有窗户和门都关闭时，我的房子几乎是密不透风的。

另外，我的车库是一栋独立建筑，它的年代很久远了。那个时代很流行在马厩后面建车库和房子。那辆没有马的马车依然待在马厩里，仿佛马依然存在一样。车库里的空气不是通过与外部的偶尔通风来交换和循环，而是通过热泵的电扇和空调系统的受控过滤与外界交换。

28

如何抢到更多太阳能

我家的北面有一道篱笆，隔开了我和邻居家的房子，增加了私密性。我家这边的篱笆是白色的。我总会情不自禁注意到花园里的花，如鹤望兰和九重葛，它们欣欣向荣。一段时间后，我才注意到滋养花朵的是白篱笆反射下来的阳光。这促使我开始认真考虑安装太阳能电池板的计划。我和工程学院的同事做了一番研究，考察了南加州的几家公司，并从中挑选了一家。那家公司派来的人不仅帮我装好了太阳能电池板，还让我了解了申请加州政府补贴所需的材料。加州政府提供补贴，不是因为官员们都是爱妄想的嬉皮士，而是因为水电公司（Department of Water and Power）可以利用我家屋顶上的太阳能电池板为我和邻居家的房子供能，尤其是在夏季时，房子上的太阳能系统（比如我家的）产生的电量高于水电公司的系统。

如果你想要安装太阳能电池板（我也希望你这样做），最主要的事情就是开始干起来。这几年我遇到过很多人，他们的第一个也是唯一的问题总是“什么时候能收回成本”或“收回成本需要多长时间”。答案是10年，大多数地方需要7年，正如我家所在的地区，只要6年就能收回成本。在我写这本书时，我家的太阳能电池板已经产能22,000千瓦时，其中大部分为我所用。至今，市政府已经奖励了我9,300美元。

如果你不仔细计算，看上去我在太阳能电池板上的投资亏了。我花了17,000美元安装太阳能电池板，现在只收回了9,300美元。这真的不妙，不过等等，过去9年我的大部分用电都是免费的，那些电费价值35,000美元，所以我的回报远远超过了成本。

对我来说，这类计算是有趣的游戏。太阳能发电系统有点像游泳池，具有两面性。有些人认为游泳池是房子后面最糟糕的设施。首先，游泳池很贵。修一个游泳池要花好几个月的时间，会产生几个月的建筑噪声，修好后还需要维护、检查水的pH值、购买化学品。天哪，这是一笔巨大的负债。当然，最严重和不可避免的灾难是：邻居家的孩子在一天晚上爬过篱笆，喝醉了或嗑药了，或两者都有，然后掉进你家游泳池溺水了。追究下来都是你的责任，你成为谋杀的帮凶，愤怒的人拿着手电和干草叉，围着你的房子，以至于来逮捕你的警察不得不先穿过暴怒的人群。通过这样的分析，很明显，一个游泳池能让你带着耻辱通往死刑的道路。

对另一些人来说，游泳池是家中最棒的设施。工作了一天后，或在家安装高科技窗户和太阳能电池板一整天后，你可以在游泳池里冷静下来；你可以和邻居家的孩子们开一场泳池派对，一起泼水，一起嬉戏，克服对水的恐惧，无忧无虑地度过几个小时。因此，游泳池是一项具有两面性的投资，太阳能发电系统也是如此。

对于一些人来说，太阳能发电系统是个碍眼的东西，需要定期清扫和维护；对于另一些人来说，这套系统非常棒，适合任何家庭使用。不管你感觉如何，它都能帮你支付电费。我喜欢我的太阳能发电系统。为了美观，我将支撑太阳能电池板的支架“打扮”了一下，这一步比较费钱但很重要。现在，太阳能电池板就挂在我家屋顶的支架上。第一，我希望空气在太阳能电池板后循环，这样空气温度越低，电池板效率越高。第二，当太阳能电池板需要维护或更换时，我们必须能接触到导线和电池板。

不过我必须告诉你，贝格利家的支架、电线和太阳能电池板看上去都不是很好，我的意思是它们有点丑，电线挂在屋檐上，支架生锈了，屋顶上的太阳能电池板摆放得很杂乱，钢轨尾部裸露在外，但我承认我家支撑太阳能电板的钢轨也是如此。

我买了一些金属球，并把它们挂在钢轨尾部，我觉得它们看上去棒极了。金属球是由不锈钢做成的，与银色的铝制栏杆很相配，还给人一种高科技的感觉。我费尽心思去做这些，是为了让整套系统看上去既整洁又美观。接受我的做法吧，贝格利！

太阳来自何方

安装太阳能电池板时，你要知道一些重要的细节：你或者你的技术工人要知道能接收到多少太阳光、太阳光从哪个方向入射。我的太阳能电池板完美地结合了手绘和经典技术。评估太阳光的经典装备是太阳能探路者（Solar Pathfinder），它是一个半球状的玻璃圆顶，安装在一张厚纸板上，圆顶上有代表不同位置的曲线。那些曲线所用到的天体几何知识和我们祖先用到的知识一样。祖先曾利用这些天体几何知识来建日晷计时、预测太阳的位置并为航海导航。任何时候，你都可以利用这套装置研究树或其他建筑遮挡太阳能电池板的情况。这是个很可爱的装置。

我是个异常执着的人，非常想战胜邻居贝格利。我买了一个太阳能探路者，目的是验证承包商的计算是否正确以及学会这个计算。是的，学习，我永远都不会放弃的。新一代的太阳能探路者仍有传统的半球形玻璃圆顶，不同的是它利用软件来计算日射率（照射的阳光），一切都电子化了，不再需要用铅笔估算。当然，铅笔在大多数情况下还是好用的。

我家房子的太阳光主要被两个物体挡住。第一个是邻居家高大的梧桐树。它虽然挡住了我家的太阳能电池板，但为我们两家的房子提供了阴凉。在南加州炎热的夏天，阴凉可以节省空调耗能。另一个遮挡太阳的物体是邻居家的二楼。他们经常出去旅行，我常常想，哪天他们再出门时，我要把他们的屋顶和墙削去一部分……请求原谅比请求允许更容易，不是吗？一旦你开始看到改造房屋和生活方式的一个个机会，这种节约能源的想法就会涌入你的脑中。

放心吧，我没有把邻居家的屋顶削下来，不过我得承认我确实有过这样的想法。

逆变器小妙用

任何太阳能发电系统都需要电缆，我就为此挖了一条长沟。

毕竟，我要将4,000瓦的电从车库输送到房子中。一旦电流进到墙里，电线就通过一个关键设备把我自产的能量接入整个公共电网，这个小玩意儿叫作逆变器，是所有用电系统的关键。它能把直流电转换成交流电，因为每台家用电器以及水电公司使用的都是交流电。“逆变器”这个名字在历史上曾经不是很形象，但到了今天意思已经很清晰。好吧，我还是解释一下。

通过旋转发电机或同步发电机发电，我们得到的电是正弦形式的。一半时间，电朝一个方向流动，另一半时间，电朝另一个方向流动。一直以来，我们将一个方向称为正方向，将另一个方向称为负方向。在几何上，我们指的是波峰和波谷。我们可以通过倒转波谷，把整个正弦波变成全正的波。这样的波是跳跃的，以最大值和零值为特征，其波形看上去就像一列驼峰。一直以来，改变波形的设备被称作逆变器。不过，将直流电变成正弦交流电的设备，也被称作逆变器。这是电子工程师贪图方便的命名法。逆变器对于任何要接入应用广泛的标准电网的系统来说都是至关重要的。

贝格利家的逆变器具有20年历史了，大得像只冰箱，比贝格利还高。我家的逆变器新式一点，大约和两个叠在一起的鞋盒一样大。尺寸上的差异体现了工程师对尺寸更小、效率更高的电子元件的不懈追求。这真是个不错的东西，不是吗，贝格利？

在我洛杉矶的家所处的这个街区中，还有一件事情可能对太阳能发电的未来发展有所帮助。我的另一位邻居丹（Dan）也是一位追求节能的狂热者，他的家庭也很支持他。他家的太阳能发电系统非常棒，至少现在是这样。曾经有段时间，丹经常来我家讨论他家逆变器碰到的问题。他家的一组太阳能电池板方向朝南，另一组方向朝西。他家的屋顶非常宽敞，没有遮挡。不过有段时间，他的整套系统都受制于一个逆变器。两组不同朝向的太阳能电池板互相干扰，没被阳光照到的那组太阳能电池板成为被阳光照到的那组电池板的巨大负荷。我们当时想出的解决方法是用两个逆变器改造线路。这当然要花费一些钱，但整套系统终于正常运转了。丹的屋顶上从此有了两套独立的发电装置。这是个非常巧妙的解决方案，也许对未来能有所启发。

目前，在许多太阳能发电系统中，每块太阳能电池板都装有一个独立的小型逆变器。物体遮挡、雪或邻居家生长旺盛的树（或任何东西）可能会影响其中的一块太阳能电池板，但不会影响整个系统。我甚至能想象出一个由许多邮票般大小的太阳能电池板组成的庞大系统，每块太阳能电池板都有自己的逆变器，这类似于一台现代的等离子平板电视，每个像素都接收自己的颜色指令或信号。

因此，我家所在的街区就有3种太阳能发电系统。每年社区附近的学校都会组织小学生来参观，我们向他们介绍各自的节能方案。他们也许不能完全吸收我们所讲的内容，不过他们能在我们的后院真实地看到能源的未来。以太阳能发电系统为例，埃德、丹和我在太阳能发电上的经验就足以表明这项技术有多新，潜力有多大。在过去10年，许多承包商和公司已经加入了这一新兴产业，市场竞争会留下最好的技术。未来的安装人员不会再为逆变器和接线设计所困扰，用户对这项新技术的了解也将更透彻，我们将更有见识。我确信，在不久的将来，太阳能电池板的效率问题将由一个分布式的直流电转交流电逆变系统解决，变化的阳光不再是问题。

电表会影响我们

为了连接逆变器和电气设备，我要爬到房子底下，再在墙上钻几个洞，这很费工夫。不过和任何装修工程一样，一旦完工，一切看上去都棒极了。不仅建筑噪声没了，几乎什么声音都没有了。尽管逆变器会发出一些嗡嗡声，但太阳能电池板的发电过程都是无声的，安静得就好像站岗的士兵，或者更恰当地说，正如阳光照耀万物那样润物细无声。

第一次安装太阳能电池板时，我还安装了一个机械电表，它有一个像咖啡杯垫那样大的铝盖。那时电表一整天都是倒着走的！那真的太让人有满足感了。不过现在市政府规定市民安装数字电表，目的是与电力公司无线连接，这样就不需要专门派人上门读电表了。没有了移动部件，电表变得更加可靠，但是没有那么酷了……

我希望在不久的将来，每种住房——不管是别墅、公寓还是房车——都装有容易看到和读懂的电表，最好是在每个房间的灯开关旁边都安装一个，以便于每个人都能看到这间房子用了多少电。只要你在脑中记住这个数字，就能知道你的活动消耗了多少能量。你就会为了节能改变自己的行为，或者劝说室友、配偶或孩子改变他们的行为。知识就是能量，更具体地来说，知识意味着节约能量。

直接从太阳获得电能非常有吸引力，因为它是分布式的。每个家庭都能控制发电量，因为每家每户都接入公共电网，朝着节能和以更少能源做更多事情的共同目标努力。每次想到这儿，我都会想起以前经常戴的一款帅气手表。它是光动手表（Eco-

Drive)，不需要也不能上发条。在手表中，电子石英的运动由表盘下的太阳能晶格供能。晶格的效率是10%，而我房子的太阳能电池板的效率大概是15%。

如果效率能达到50%、80%，甚至90%，同时设备成本降低会怎么样呢？我们将马上改变世界，世界上的每个人都将拥有足够的电能。目前许多实验室正在研发高效率的光伏技术。每次我看到那块手表，都会想起它如何完美运转、它的技术在未来能发挥多大作用。这是用今天已有的技术创造未来的一个例子。

正如我在本章开头描述的，我把自己的家当作实验室，一个真实世界的实验室。我经常想象未来许多人采用我为之疯狂的一两项技术。只要提高一点点效率，我们就能改变世界。

如何让热水器的热水来得更快

对于一些人来说，完全摆脱电网的生活有着一种不可抵挡的诱惑，不过我可不这么想，我觉得从社区买卖电具有巨大的价值，不过如果谈到热量，情况就不同了。我家的房子是独立的，供暖和制冷都是根据自己所需。我想看看自己可以对家用热水做什么改进，如果我成功了，我会把经验分享给你们。

如果你在户外，就会发现太阳光把一切东西（包括人行道和你朝向太阳的脸）晒得很热。如果你没注意到这些现象，请联系政府，你可能是个外星人。那么，我们为什么不利用太阳能给家里烧热水呢？贝格利和我都这么做。这项技术在理论上很简单，安装管道即可。

每当我思考管道时，都会想起我的拉丁语课和意大利之行。古罗马人拥有几乎无限的能源（因为他们可以驱使奴隶），并利用能源建造了巨大且高效的自来水厂。一个没有管道的城市，想想味道就让人恶心。管道的发明让全世界亿万人享受到好的卫生条件。在任何时候、任何地方，只要你需要，就能得到流动的水，这简直就是奇迹。我记得在一部很老的西部电影里，厨房安装了手控水泵。换句话说，西部人先钻探水井，然后将水泵与水井用管道连接起来，再在水管旁建房子。不论在从前还是今天，这都是一个精妙的设计。热水管道使发达国家的生活变得更加美好，所以发展中国家都想要管道。

有了管道，在任何时候都能拥有热水，这极大地提高了人们的卫生条件和生活质量。我假设大部分读者都有过热水淋浴的美妙体验。淋浴时，我们唱歌、思考、产生灵感，我们的身体比几百年前的祖先更干净。清洁可以预防疾病，提高社会生产力。试比较用热水和冷水洗碗的清洁程度，我认为没有可比性，可事实的确如此。相比冷水，热水是更棒的溶剂，洗东西更干净。

我去过几次中国，你可能还记得我提过那里的自行车和汽车。在中国，太阳能热水系统遍地都是。在太阳能热水系统中，太阳能集热器是关键部件。在美国，我们把利用太阳能加热水的装置称为集热器，把利用太阳能发电的装置称为光伏面板。在中国，几乎每家每户、每个火车站、每家超市的屋顶都装有太阳能集热器。如果在中国很容易买到太阳能集热器，我觉得在美国买一套应该是很简单的事，所以我打算给家里装上一套太阳能热水系统。

在南加州，我们不缺阳光，所以我预想一切都应该很简单，但结果不是这样。在20世纪80年代，加州曾经开展过推广太阳能热水系统的项目。我雇佣的管道工告诉我，他曾经有50支工程队——不是50个人，是50支工程队——帮他安装管道系统，因为那时许多人都支持太阳能热水系统。然而，和其他一些不负责任的决定（如“不需要学习公制系统”“把太阳能热水系统从白宫屋顶上取下来”）一样，南加州的这个项目也被中断了。在加州，早期安装的太阳能热水系统并不好用，但我想，利用今天的电子控制装置和密闭泵改进这些老太阳能热水系统应该很容易。

稍做调查，你就能发现澳大利亚和新西兰有一些国际公司生产各种太阳能热水系统，并提供安装服务。如果我们努力开发适应美国各地气候和管道标准的太阳能热水系统，它们在美国市场的前景会很好。在其他一些文明国家，他们研发了太阳能热水箱。这种热水箱有很多进出口，与房子、车库或文身店屋顶上的太阳能集热器相连。热水箱中还装有天然气或电线圈加热器。一旦阳光不够强，热水箱就由天然气和电供能。水通过这些装置达到所需的温度。整个系统工作的逻辑非常美妙：尽你所能获取太阳能，如果不够的话，加点助力。

不幸的是，美国不允许使用这样的热水箱，至少目前是这样。这可能是因为美国的管道工和热水器生产商还没有团结起来为这种热水箱游说。无论如何，太阳能热水系统是我觉得可以前进的方向。我的邻居埃德·贝格利有一个太阳能热水箱，不过它漏了，所以埃德不得不弃用。管道泄漏会产生大麻烦，如果水渗漏在墙内，会滋生黑霉菌，黑霉菌的孢子是有毒的，许多人会对其产生过敏反应。当然你也在不知不觉中浪费水、浪费钱，只有当水费账单来了，你才知道浪费了多少钱。贝格利的太阳能热水系统安装在他家的外面，鸟把外层的软氯丁橡胶啄烂了，至少看上去是如此。拜托，埃德，那难看死了……因此，拉谢尔夫人继续不断抗争。

市场上有两种太阳能热水系统。一种是简单的平板型，这种集热器是一个带玻璃盖的黑箱子，中间有一根弯曲的铜管或高精管（铜管按内径区分，高精管按外径区分）。它所用的玻璃是含铁量较低的特殊玻璃，在长红外波段的透射率很低。通俗点说，与普通玻璃相比，这种玻璃的导热性更差，隔热性能更佳。把弯曲的管道排布在朝向太阳的那侧屋顶，水通入后，就会变热。然后将已经加热过的温水存储在水箱中，需要使用的时候，温水就能马上加热变成热水。在夏季非常热的那几天，我的系统可以给我提供非常热的水。但在极端的天气，如受到极地涡旋的影响，气温大跳水时，这个装置就不那么灵光了，因为管道暴露在外面，很容易被冻住。

由于平板型黑箱集热器效率低下，而大多数发达国家都位于极端天气频发的气候带，这种产品渐渐被更精密的真空管（evacuated-tube）集热器所取代。真空管集热器的命名采用的是另一种命名方式，和老式电子设备中的真空管（vacuum tube）完全不同。这种新产品的特点是在一根大透明玻璃管中放入一根黑色小管，黑色小管中有流体流动。两种管道之间是真空，真空的导热性最差，所以真空中唯一的热交换方式是辐射。真空辐射的热传导速率比泡沫材料的热传导速率还要慢。这其中用到的原理其实和保温瓶的原理一样。外管的下部镀了一层铝，形成弯曲的镜面，把太阳光聚集到内管的底部，使内管上下都能受热。内管中的流体是乙烯和水的混合物。别苦恼，它是燃烧化石燃料的老式内燃机汽车使用的防冻液。

内管也被称作热管（heat pipe）。对于这个复杂的装置来说，这个名字听起来过于浅显，但它是根据美国太空项目命名的。当初发明这种管子是为了在飞往月球的太空船上循环热量，它的原理如下：阳光加热热管中的流体——通常是传统的防冻液。管道底部有储存加热过的流体的空间。由于内管是部分真空的，防冻液在低温低压下很容易沸腾和蒸发。蒸汽上升（受重力挤压）到达管道顶部，顶部的管道位于一个充满饮用水的水箱中。防冻液在水箱中释放热量，从蒸汽变回液体，流回倾斜热管的底部。只要阳光明媚，这一热量交换过程就会发生。整套装置没有任何移动部件，制冷剂可以稳定工作，多棒啊！

在美国，这套系统很少见的一个原因是如果热管中的防冻液泄漏到饮用水或者洗澡水中，水会变得有毒，而且尝起来甜甜的。这也是为什么你必须小心，如果把防冻液泄漏在车库地上，狗舔了这种水会非常不舒服。虽然如此，其他国家都在广泛使用这套系统。因此，如果质量过关，这套系统是可以良好运转的。不过真空管集热器比平板型集热器复杂，所以真空管集热器更贵。另外，在南加州，天气从不会冷到把整个水箱从上到下冻住，所以不需要复杂的真空管集热器。

天冷时，当控制器感应到平板箱的温度过低时，系统的泵会自动运转起来。循环的水会避免管道被冻住，因为水循环的动能传递到了管道的每个弯曲处，转化为热量，避免水结冰。也不会发生毒物泄漏的问题，因为整个系统的运行只靠饮用水。

在宏观上，平板型和真空管两种集热器的工作原理是相同的。靠近屋顶加热组件出口的管道上绑着一个温度传感器。这个传感器就安装在平板箱旁边，或紧挨着真空管水箱。靠近地面的主水箱中还安装了第二个温度传感器，如果这个水箱的水受太阳能加热，温度比水箱顶部的温度高出3摄氏度，泵就会启动，使水在水箱和太阳能热水器之间循环，所以在白天，水箱中的水越来越热。夏天，我家的水温经常超过52摄氏度，比标准的安全温度还要高。在实际操作中，当水从水箱流出被使用时，水温比52摄氏度稍高，但这些热能都是免费的，这让人很快乐。

如果你想了解一些细节，其实没有多少内容。以那个小巧的泵为例，它的功率不到30瓦，小于老式的阅读灯。旋转的叶轮与马达不是通过轴相连，而是通过一对磁铁。这种设计不会有O型圈的损耗和泄漏问题，泵可以一直运转。

大多数热水系统，无论是哪种类型，都有扩展水箱。这种金属水箱比潜水用的氧气罐小一些，内部装有橡胶气囊，底部用空气增压。给扩展水箱充气就像给汽车轮胎打气一样。高压可以解决热水箱中水受热膨胀的问题——地球的海平面上升也是因为热膨胀。扩展水箱可以避免热水回流到城市自来水系统，这是我们大多数人认为理所当然的工程小技巧。它能够工作，是因为空气的压缩性好而水的压缩性差，空气就像一条柔软的大弹簧。水箱可以一直工作，几年都不需要维护。

有热水很好，随时打开水龙头都有热水更是超级棒。因为大多数人打开热水水龙头后，都要等一会儿，热水才来。热水来得慢的原因是大多数房子都是2层高，热水箱经常放在地下室或者房子外面单独的地方，水从水箱到水龙头要经过很长的路程。水管是另一个原因，热水在高压下从水箱被泵到水槽和淋喷头的途中，在铜管和塑料管中损失了很多热量。即便使用的是内嵌式或无箱式热水器，热水还是要经过很长的管道，只有管道热了，淋浴的水温才会合适。

从热水箱到每个出水口，许多现代化的房子都安装了并行热水管。我在西雅图的房子是20世纪30年代的老房子，也装有并行热水管。房子里的泵让热水每时每刻都在管道内循环。我改进了一下，在泵上安装了一个计时器，使它只在我早上起床后和吃饭时间（有人做饭或洗碗时）才工作。这个方案可行，但泵本身仍要消耗能量，即使做了隔热，整个热水回路还是会辐射热量，而且由于我是名自由职业者，很多时候我在家，但泵没有工作，我必须和普通人一样等热水。总的来说，这套系统在冬天运行得还不错，但到了夏天就不那么好用了。如果我们想以更少资源做更多事，想要解决气候变化问题，我们必须找到经济的方法将热水即时送到每个人手上。不然，我们将消耗更多能源，更糟的是我们还会大规模浪费水。

说到大规模浪费能源，美国的大部分国产热水系统都有一个时刻都热的热水箱。在一天中，大多数时间你并不在家，或者即使你在家，也并不需要热水。利用一台红外相机，调谐到热水器上，俯拍你居住的社区，你将找到数千个红点，那都是热水器在浪费热能。在我看来，这也许是全世界甚至全宇宙最容易解决的能源问题之一了。比尔，收回你这句话！

为了解决这一问题，热水器厂商开发了无箱式（即热式）热水器。只有水开始流动时，也就是只有你打开水龙头或者洗衣机、洗碗机时，热水器才开始工作。这当然很好用，但相比储水式热水器这种更成熟的技术，无箱式热水器的成本更高。无箱式热水器包含一些电子部件，必须在每次开关时确保可靠，而且你还得想想把这种热水器安装在哪儿。无箱式热水器的一个大优势是热水永远也用不完。只要有天然气或电作为热源，只要即热式热水器足够大，即使你很不环保地淋浴了一个小时，水温仍然和开始时一样热。

现在，我是个空闲时间很多的小名人，击败贝格利的欲望很强，因此我安装了两套独立的无箱式热水器。一套安装在厨房里，一套安装在浴室里。虽然厨房里的无箱式热水器比浴室的小，但成本翻了一倍。我的想法是把热水器挂在距离出水口较近的地方，以最小化水管中的“备用水量”。打开水龙头，理论上马上就能得到热水，但实际上我还是必须等上很长时间才能得到热水。我尝试安装了一个特殊的感温阀，让水从热水端缓慢地流向冷水端，待到热水端的水非常热时，阀门关闭。这个方法使热水端保持一定的最低温度。好吧，这个阀门在我家的热水器上根本不工作。相反，总是有一些水从热水端泄漏到冷水端。热水总是不够热，冷水反而一直是温的。

我找到了一个更好的办法来解决这个发达国家都面临的问题。我最终采用的产品名为辣椒（Chilipepper）。它是把水从热水管输送到冷水管的电泵，安装在水槽下面，就在水龙头旁边。只要按下一个比门铃还小的按钮，马达就会启动，泵开始工作。这个按钮让我想起了童年自行车上的喇叭。我将控制按钮安装在你看不到的地方——橱柜门后或者支撑洗手间水槽的弯曲部件下面。控制按钮的工作电压是5瓦，工作电流为1毫安。无论洗手间多么潮湿，你都不会触电。

辣椒电泵的工作原理是这样的：备用水会被泵回冷水管。一旦水温达到36摄氏度，泵就会停止工作。打开热水龙头，就有热水可以用了。打开冷水龙头时，你会发现前几秒是温水。当然这是个妥协的方案，不过效果还不错。你不会像我人生中大多数时候那样，也不会像全世界发达国家那样浪费备用水了。如果干旱加州的每个人都在水槽下安装这样一套设备，就不会浪费那么多水了。节约下来的珍贵水资源可以用于农业灌溉和日常饮用。

我承认自己是一名嗜爱好成癖的人。我想知道什么可行什么不可行，学习各种节能装置的原理，然后写下你现在正在阅读的这本书。在我家这栋具有60多年历史的老房子周围找到合理的位置来铺设管道是一个大工程。我记得一个管道工在狭窄的阁楼中用良好的橡胶绝缘材料包裹管道时，把自己的手指粘在了一起。为了节约时间和金钱，更是为了完工，我自己爬到房子下面接好太阳能热水系统电子控制器的电线。我和管道工通过拍打和短信交流。我在黑暗中焊接电线，上面的房屋地板与我的头顶只有几厘米距离。管道工也在这样狭小的空间中爬了好几天。这是一项十分辛苦的工作，不过一旦完成，一切看上去都很美好。

现在，我的无箱式热水器由天然气供能，采用的是最好的技术。如果你不得不烧天然气，那至少要把效率提高一些。对我来说，将高性能的能源——电用于烧水是大材小用，我心中有些障碍，毕竟电还可以给电脑、手机用，而天然气目前只能用来产生热量。我可能会在不久的将来更换这些天然气热水器，我在做这些工程量巨大的改装时就已经留有余地了。

作为一名技术痴迷者，我把无箱式热水器的控制器安装在浴室墙上，每次淋浴时都能看到。夏天，每当看到控制器的指示灯熄灭，我就会意识到我目前的高质量生活是由太阳提供的。这种感觉非常好。我把屋顶水箱管道的总控制器安装在厨房和用餐区。家中每个人都能看到这些充满生机的小电路图，感恩科技让我们以更少资源做更多事。

太阳能热水器不可能在一个周末就解决所有人的能源问题，

不过对我而言，它是我们没有接触过的新能源的经典范例。如果人们都能加入这一阵营，它的市场会很大，特别是如果制造商可以生产出满足家用热水器和其附属管道要求的热水系统。美国的家用热水系统是一个我相信未来可以节约大量能源的领域。这项非常可行的技术可以帮助我们在家中以更少的资源做更多的事。

30

庭院大改造

当我家所在的街区（实际上是整个加州）经历严峻干旱时，我们都在尽最大努力节水。我会情不自禁想起屋后有草坪的时光，以及我帮助父母修剪草坪挣零花钱的时光。修剪草坪很费体力，常常让我大汗淋漓，但是青草的芳香让我感到很快乐。对孩子，特别是青少年来说，没什么快乐能比得上在一片碧绿的草地上玩极限飞盘（ultimate，一种飞盘游戏）或棒球。我认为我们内心深处都有一种召唤，这可能要追溯到在非洲疏树草原上生活的祖先。正是因为这种召唤，一片开阔草地比其他任何东西更能吸引我们。我的房子在我刚搬进去时有一片很棒的绿色草坪，只是后来我把它铲掉了——彻头彻尾。

在南加州，种植和维护草坪的费用很高昂，因为水的成本太高，而且现在种植草坪也是一种不负责任的行为。浇草坪的水从哪里来？如果邻居家的小孩要喝水怎么办？就算是富人，很快也会买不到他们需要的水了。加州很缺水。为了维持加州的农业持续发展，为了给卫生和水合作用提供水，我们都不该把水浪费在草坪上，不管人们愿意为水支付多少钱。

这是贝格利（我的竞争对手小埃德·贝格利）给我的另一个启示。既然他在后院自种玉米、南瓜和番茄，为什么我不在自家院子里也种一些蔬菜呢？如果种植成功，我可以享受美丽的花卉和食物。在一个忙碌的下午，埃德开着他那辆全电动丰田RAV4（现在是款老车了）送我去环保电影节。那天的活动具有很浓的嬉皮士感。我在现场四处转的时候遇到了塔拉·科拉（Tara Kola），她非常热衷于都市农业。塔拉的团队和我一起设计了一种地上种植箱，它和5块砖一样高。我用箱这个词来描述这种装置，是因为它由坚硬的砖头组成，不包含一点木头。埃德家的种植箱用的是铺路石，它们堆在一起，摇摇欲坠，许多石头因为水和植物根系的运动已经掉落。塔拉的公司专门为像我这样的人提供服务。每隔几周，她们公司的人来到“奈的农田”（我突发奇想取的名字），为我种上时令蔬果。

种植箱之间由一种棕色砾石分隔，塔拉公司的人称它为可降解花岗岩，这是一种混有黏土矿物的花岗岩。经历了千百年的风雨，这种物质很脆弱（易碎），我们用了很大力气夯实它们。每隔一段时间，我要再夯实一遍。现在我有一件捣固工具，它是一块带有厚重木质把手的扁平金属板。我想它是专门为职业园林师准备的，非常称手。你只需要走来走去，用它拍打地面，你会感觉附近好像有古代的恐龙走过。只要夯实了，可降解花岗岩是很棒的一种材料。

我无法抗拒安装自动灌溉系统的想法。我在一家大型家居装饰店遇到了保罗·伯德（Paul Byrd），他是一名职业园林设计师。说到以更少的能源做更多的事情，这套系统作用斐然。它装有雨量传感器，能同时浇灌9片独立区域。我可以通过控制器控制这套系统为我的“农场”的某片区域浇水。它的出水口非常非常小。它不是那种把水喷得到处都是的地上装置。水一般在晚上慢慢流出，所以因蒸发而造成的浪费很少。现在羽衣甘蓝是一种非常受欢迎的绿色蔬菜。我设置的环境特别适合羽衣甘蓝生长。在我的“农场”里，它们就像野草一样疯长，可以长到一棵小树那么高。我因此有了一桩幸福的烦恼——要想办法把羽衣甘蓝吃掉。我经常把多出来的菜分给邻居，这对促进邻里关系有好处。我曾经考虑过少种一点，使其产量下降。有一季，我任由一个种植箱的菜自生自灭。结果，许多野花在里面长起来了，引来了许多快乐的蜜蜂（至少在我看来，那些蜜蜂很快乐）。即使如此，我还是要稍微照看一下那个种植箱。到目前为止，这是一桩幸福的烦恼。

我家房子前面曾经有美式的草坪，就是那种你在诺曼·洛克威尔（Norman Rockwell）[①]的画中见到的草坪。维护那片草坪每月要花上几百美元。我找到了优秀的园林设计师，他们认识埃德（当然），而且他们为公园设计的一些节水装置曾经获奖。我家前院现在是一片卵石——我之前提到过的节水花园（xeriscape，这个词来自希腊语“xeri”，是干旱的意思）。这是一片特制的干旱景观。有了这一大片鹅卵石后，另一位朋友林奈特·罗（Linnette Roe）也来帮忙了。林奈特曾是一名芭蕾舞演员，现在是一名执证护工。

① 美国20世纪早期重要画家及插画家。——译者注

他们喋喋不休，说着植物的拉丁文种属名。举个例子：“我喜欢针茅草。”“你是说针茅属（*Stipa tenuissima*）？直接说名字呀！”

保罗和林奈特帮助我设计前院，种植了一批很帅气的多肉植物。整个前院由回收利用的管道浇灌，管道上布满了细小的出水口。它们埋在地下，非常有效。如果哪一段堵塞了或损坏了，你马上可以分辨出，因为那几米内的多肉植物要么都死了，要么因为得到过多的水疯长。这套系统需要维护，不过当系统运转正常时，一切都很好。我把鹅卵石一直铺到了路边。我承认每天到家停好车后走在鹅卵石上并不是一件舒服的事，这需要一个适应过程。如果能找到更好的材料，我会换掉鹅卵石。

贝格利在他家门前的人行道上铺了可降解花岗岩。这虽然没什么问题，但那些沙子般的花岗岩看上去就像一片小沙漠，感觉怪怪的，与街道并不相称。这是我的个人意见，但我觉得自己是正确的。我说过这需要一个适应过程了吗？

如果从街上往我家房子看，你马上会注意到前面那棵可爱的樟树。春天，它闻起来像维克斯薄荷膏（Vick's VapoRub）[①]。这棵树为我省了很大一笔钱，我说的是树本身，不是樟脑膏。它以非常完美的方式为我的房子遮阳。若没有它，我就得支付巨额的空调费，这在南加州很常见。我花了不少时间修剪这棵樟树（是树，不是电费，当然电费账单也瘦身了）。我承认这是我的兴趣之一。我有一架非常高的果园用梯。如果你感兴趣的话，方法就是把它打开，就像在树干上挂一个篮子。这棵树非常健康，下面我会说一些工程细节。

---

① 美国一种可止咳、舒缓鼻塞、止痛的药膏。——译者注

我刚搬到这个房子时，就开始改造了。在我搬进新家的第二周，连续下了4天雨。在雨中绕房子散步时，我注意到以前的房主设置了排水沟。排水沟设置在房子后头，而且朝向后院。不过这些排水沟并没有把积水从房子的基底排出，而是把水导向了后院露台的洼地。在这一周，露台的水积成了一个小湖。我甚至考虑过划水，不过那还需要一艘船和其他东西（只是开玩笑）。其中的一条排水沟更是前房主为了炫耀而设置的，炫耀他解决了屋顶凹槽（屋顶行业的专有名词）的排水问题。

我想到了好几件事。首先，我要把那一大摊积水排走，否则水慢慢渗入土壤，会导致房子下面的地基倾斜和滑动，从而导致房子脱离地基。这是我不想看到的，不过我也意识到我可以把水保存下来，以备日后使用。

我在西雅图住了很多年。在西雅图，下雨就像家常便饭。西雅图人对下雨开的玩笑可不是在瞎说。我问一个小孩："西雅图真的一直都在下雨吗？"那小孩说："我不知道是不是一直下雨，我才11岁。"西雅图的一些房子的排水沟完全被金属板覆盖。有一些公司专门生产这种金属板。雨水滑过金属板，其黏附方式就像水黏附在没打蜡的汽车引擎盖一样。金属板的下方或外侧向下弯曲，形似弯曲的手指头。水流过弯曲时紧贴着金属板，然后自由降落，掉入排水沟中。

排水沟是不需要清理的，在我看来这不仅方便，还节约能源。你不需要花时间清理排水沟，也不需要请熟练的工人开卡车过来清理垃圾，也不需要用大量水冲走排水沟里的碎屑（这又节约了一笔钱）。这套系统唯一的缺点是它的安装成本是普通无覆盖排水沟的1.5倍。不过含金属盖的系统质量更好，可以用很多年，这是一套着眼于长期利益的产品。

装上排水沟后，水直接流到街上，流到水流常去的地方。雨水流到街道上后，汇入洛杉矶河（Los Angeles River）的分支。洛杉矶河是一条庞大的混凝土渠，流经我家附近的那段河流两岸都没什么居民。几年以后，我对这个排水沟系统进行了重大改造。

我把前院的排水流入两个埋在樟树旁的大塑料桶中。桶中有大量砾石对水进行过滤再循环。这套装置设置得很隐蔽，一点也看不出来。桶埋在鹅卵石和植被下。下雨时，由于樟树的存在，这套系统真的能收集到满满两桶水。偶尔的降水就能满足这棵樟树了，而樟树又以最美的方式为我的房子遮阴。安装这套被动式灌溉系统可是一项大工程。首先，我和家人测量了屋檐的尺寸，估计屋顶在洛杉矶整个雨季和一场暴雨中流下的水量，接着我们把铜制排水管的水流改道流入塑料灌溉排水管。我们移走土壤，挖好沟渠，沟渠的大小要保证那棵樟树仍能存活。因此，这需要进行规划和改造。这套系统完全是被动式的。

我们每次进行景观规划或者用水时，都有很多这样的机会践行节能环保理念。每当坐在门廊前，我会思考，甚至对着汽车大喊减速。你可以问问我的邻居，我是不是经常对开车的人大喊。我家周围有许多小孩和狗。坐在外面时，我经常和遛狗的邻居打招呼，我知道很多狗的名字。当然，邻居也有名字。

顺便说一句，我家的门廊实在太棒了。它非常大，大到可以容纳好几个人坐下来一起喝咖啡，畅谈人生。回头想一想，我就是在这样的环境下长大的。我父母家中的门廊也很大，家人可以坐在一起喝冰茶聊天。星期天早上或晚上，人们坐在外面聊天，建立亲密的关系。我和我的邻居们带起了一股修建荷兰门的风潮。

荷兰门的上半部是敞开的，你能看到外面的一切，看到外面的人和他们的活动，你能看到邻居孩子慢慢长大的全过程，这使我们的邻里关系非常融洽。熟络的邻居会相互合作，比如平摊整修篱笆的费用。大家共同投资，分享收益，这让每个人的生活都变得更好了，也让我们以更少资源做更多的事情。

再怎么夸赞都无法形容我屋外的庭院和门廊。它们节省资源、能源和金钱，我们可以在全国推广这种生活方式，在短时间内以更少的能源做更多的事情。在人口密集的都市，私人的户外空间很少，因此我们在城市中建造公园。我们不得不这样做，因为只有这样，当我们走出屋外时才能获得更大的活动空间。不管如何，我觉得小型公共空间还是有用武之地的。我们如何把人类的需求纳入未来的建筑中去？现有的房子能否改造出这类小型公共空间来减轻夏天的制冷负荷呢？

将宽阔的道路变窄，然后在多出的空间上建造更多窄小的建筑，这种想法非常吸引我。如果路上的汽车变少了，甚至汽车变小了，我们就能修建许多窄小的建筑和店铺。如果管理得当，妥善规划的城市可以让我们拥有更友好、更安全的社区，这比大家住得很远很分散更节能。这又是一个以更少能源做更多事情的方案。

我遇到过很多想要在郊区拥有一套房子的人。我个人觉得在乡下大房子住几天还是可以的，但不久就会觉得与世隔绝了，而且住在郊区去哪都需要开车让人筋疲力尽，至少对我来说是这样。人类的欲望和生活方式的选择当然是可以存在差异的，不过作为有选举权的公民和纳税人，我们必须想到如果我们四处开车排放大量二氧化碳并为此付出代价，那么这种分散的生活方式可能会失去吸引力。为排放二氧化碳付费这一政策将影响我们在各个方面做出的选择。郊区的社区会失去吸引力，因为如果住在郊区，人们去哪里都会面临成本过高的问题。让我们拭目以待，这是解决气候变化问题需要监管的另一个例子。我们现在为解决气候变化问题所做的努力越少，将来面临的监管就越多。

回到庭院门廊。除了利用自来水进行灌溉之外，我还有两个125升的水桶。是的，我靠重力收集雨水，然后通过传统的手持工具给植物浇水。很快我发现浇完一整桶水需要花很长时间，我猜这就是威士忌劲道十足的原因，酒劲足，你就不需要喝很多了。我去家附近的五金店买了一个排水泵。将排水泵的一端接在水桶里，将另一端接花园的水管，它的电线是防水的（最好是）。我用这种从屋顶滴落下来、富含有机质的水浇灌植物，植物长得都很好，但问题在于我没有充足的雨水储备。贝格利的新房子有一个巨大的地下蓄水箱。啊……贝格利，我在观察你！

在房子外面布置一些很棒的活动空间，我们也能实现以更少的资源做更多事。我搬进新家时，新房有一个砖砌的露台。除了太热，这个露台其他都很好。我用意大利风格的板条建了一个藤架，为露台遮阴。那些板条很难维护，我是指它们需要经常刷漆，这让人很痛苦。我用的是来自伊利诺伊州（Illinois）的进口再生塑料，这种塑料由超市的塑料袋和牛奶包装盒制成，质地非常像刷了白色漆的木材，但这种特殊的质地导致它们很不耐脏。据说这种塑料可以持续使用300年，我打算到时举办一场宴会。

我的邻居和我用这种质地的再生塑料重建了她家的篱笆。白蚁已经蛀掉了好几个木质邮筒。现在我们用上塑料了。我们在现存的横杆上绑上外观像木头的塑料，白蚁根本不想啃这种材料。

我有说过这需要一个过程吗？我珍藏着一个长满草的三角形，并称其为“瓦比”（wabe），灵感来自刘易斯·卡罗尔（Lewis Carroll）[1]。在瓦比中间，我浇筑了一个长20厘米的日晷水泥基座，这是为了悼念我那深爱着它们的父亲，以及纪念我参与了火星探索计划。我和同事成功地增强了火星探测漫游者（Mars rover）[2]上照相机的颜色校准目标，使其在火星上可以用作日晷，我们把它叫作火星晷（MarsDials）。每个火星晷上都有一条写给未来的信息："到这里参观的访客们，祝你们旅途平安，享受发现的乐趣。"这条信息对我本人来说意义重大，因此我为它争取了灌溉计划和预算。按照卡罗尔的定义，瓦比是日晷周围的草地。我预感不久我将会重新改造瓦比，使其仍向人类精神致敬，却不再浪费珍贵的水资源。

说起我的父母和太阳光，我必须提到我家的高科技天窗。它们是半球形的，带有一系列凹槽。它们采用的透镜是圆柱形的，而不是平面的。圆顶透镜将阳光直接通过超亮的导管打下来。10年了，我还是不能适应这么亮的环境。每次我走进那个房间，都要去找控制光线的开关。从屋顶上打下来的阳光太令人吃惊了。与传统天窗相比，我家的天窗高效许多，因为透镜和导管采用的都是抛光的镜面，而不是传统天窗所用的无光涂漆。这些镜子太亮了，有多亮呢？生产公司不得不配上一些调光器。调光器是安装在每条导管中的自动门，很容易让人联想到眼睑或蝴蝶阀。事实证明真的需要那些调光器，不然每到满月的那个星期，月光亮

---

① 英国数学家、童话作家，《爱丽丝梦游仙境》（*Alice's Adventures in Wonderland*）的作者。——译者注

② 美国国家航空航天局的2003年火星探测计划。——译者注

得让人睡不着觉。

这些导管、透镜让我想起了我的父母。我的父亲在做战俘期间迷上了日晷、钟表和计时。我的母亲鼓励我完成学业，申请康奈尔大学。毕业30年后，我出资设计了一款时钟，它的钟面能指示太阳何时到达最高点，即天文学家所说的“正午”。航海家认为太阳在正午达到最高点。康奈尔大学的罗德大楼（Rhodes Hall）上的“奈钟”采用和我家天窗同一品牌的圆顶天窗和调光器指示太阳正午。我很骄傲地向你介绍，这座时钟的机械控制系统是由康奈尔大学机械专业的学生设计和建造的，外面的专业钟表公司显然没有资源开展（或不能理解）这种设计。加油，康奈尔大学！

我在这几个私人章节中呈现的每个想法——节水花园、灌溉部分区域的控制器、大树下的被动式灌溉系统、利用再生材料遮阴、太阳能热水系统，特别是太阳能电池板——采用的都是现有科技。我不需要找一个实验室，雇佣十几个工程师来为我研发和生产这些节能、提高生活品质的系统，它们都采用现有的技术。我有足够的资源在9年内完成所有的项目。那些大型项目——高科技窗户、太阳能发电系统、太阳能热水系统以及使车库变得适合电动汽车停放的改造——都已经收回成本了，而且还为我的房子增值。

我认为如果出台一系列有关税收激励、企业贷款优惠以及能源费结构的政策，大部分人都可以尝试这些新科技，它们不该是一小部分人的选择。随着越来越多的人加入，我相信每个新科技系统的成本会下降，我们会拥有比现在更多的能源和资源。从个人角度出发，我们也将对自己面临的问题有更感性的认识，对一些效果显著、巧妙的解决办法有更深入的了解。人类的每一小步进步都能改变世界一点点，让每个人的生活变得更好一点。

31

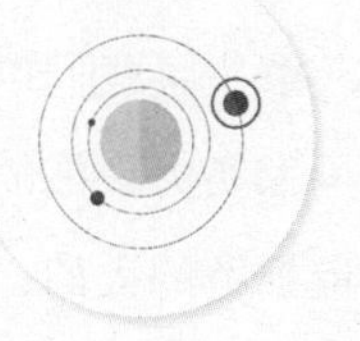

到太空走一遭

到目前为止，我一直将能源视为地球上的现实问题，这确实也是问题的本质。不过如果你了解我，我想你读到这里应该知道，除了担当其他角色，我还是行星学会的执行主席和太空探索的信徒。自孩提时代我在一片空地中按下塑料发射按钮开始，我就爱上了火箭。火箭太令人兴奋了，只要你看过模型火箭升空，就知道能从中期待什么。在火箭发动机中设置好点火器的导线，拿弹簧夹夹住点火器，退后，然后倒数，这真的是一个美妙的仪式。只听到飞快的嗖嗖声，火箭升空了。对我来说，这太美妙了，我永远不会厌倦。

模型火箭和解决气候变化看起来是风马牛不相及的两件事，不过事实并非如此。首先，模型火箭很好地展示了能源如何为我们所用：在一瞬间，你把大量化学能转化为动能。在美妙的声响过后，你能闻到火药燃烧的辛辣气味。火箭以另一种很有意义的方式与我们面临的全球挑战联系在一起，它推进了人类聪明才智的极限。这就是为什么美国国家航空航天局因发明许多惊人的火箭而享有盛名。火箭科学不仅解决了地球上的许多实际问题——尽管这的确时有发生，还解决了我们以前没有解决的问题。一个国家的太空项目是体现国家实力最好的标志。困难的工程问题吸引着最杰出、最聪明、最勤劳的人们，太空探索孕育着伟大的下一代。

每周和我见面的人都会问：地球上还有这么多问题需要解决，为什么我们要把经费花在太空探索上？通常他们听到美国国家航空航天局的经费只占美国联邦政府总支出的0.4%时，都会很吃惊。美国国防部的经费占美国联邦政府总支出的18%，大约是美国国家航空航天局经费的45倍。我还想指出，我们在太空中的花费已经被证实对理解和解决一些地球问题至关重要。没有卫星，我们将无法看到全球变暖的全貌，无法知道人类活动如何造成全球变暖，将无法拥有精准农业，也无法获得详细的天气预报，世界上不会有GPS为今天的购物者和未来的无人驾驶汽车、火车、飞机导航。没有深空任务（deep-space mission），我们无法知道失控的温室效应对金星或火星40亿年干冰期的影响，这两个发现都为我们理解地球的气候提供了深刻的启示。

所有这些伟大的进步都依赖于我们把卫星发射到行星轨道上或轨道外从而获得的认识。它们需要火箭，而火箭需要能量，很多能量。事实上，你可以认为火箭就是一大罐浓缩能量。我们举个例子：将人类送上月球的“土星五”号（Saturn V）火箭重达2,970吨，其中只有486吨被送上了月球。在这486吨载荷中，只有5.5吨有效载荷（太空舱、宇航员、太空服和一些石头）最终回到了地球。换句话说，火箭的大部分载荷都是燃料。

如果你只是想直上直下去太空走一遭，那么所需的能量取决于你想到达的轨道高度和携带物的质量。维珍银河（Virgin Galactic）等太空旅游公司已经开始策划这种旅行项目了。具体来说，这种项目为冒险者开启短暂的太空之旅，带领他们到达黑色的太空。在那里，即使是正午，你依然能看到星星。在20世纪60年代早期，美国第一批宇航员就进行过这种飞行。尽管这是最简单的太空旅行，却依然需要消耗巨大能量。进入地球轨道需要的能量更多。为了把尤里·加加林（Yuri Gagarin）①送上太空并绕地球一圈，苏联启用了“东方”号火箭(Vostok-K)。尽管不如“土星五”号，但“东方”号火箭依然重达285吨，高31米。它很容易像炸弹一样爆炸，但加加林还是通过它完成了第一次轨道飞行。

一旦你点燃火箭的发动机，一切就变得非常复杂，因为火箭质量在不断变化。有效载荷（如乘客和他们的照相机）重量维持不变，但内部的剩余燃料和维持加速所需的燃料每个瞬间都在变化。为了解决这种不断变化的问题，艾萨克·牛顿（Isaac Newton）和戈特弗里德·莱布尼茨（Gottfried Leibniz）发明了微积分。要进入太空，除了需要很多燃料以外，数学知识也是必要的。燃料消耗量问题产生了著名的火箭方程②，其中涉及了对数的概念。这一切都是火箭科学。

---

① 苏联宇航员，第一个进入太空的地球人。——译者注

② 齐奥尔科夫斯基公式。在不考虑空气动力和地球引力的理想情况下计算火箭在发动机工作期间获得速度增量的公式，即 $\Delta V=V_0 ln(m_0/m_k)$，式中 ΔV 为速度增量，V_0 为喷流相对火箭的速度，m_0 和 m_k 分别为发动机工作开始和结束时的火箭质量。——译者注

如果火箭的效率是100%，那么将一吨有效载荷带到100千米的高空大约需要5亿焦耳能量。100千米的高空通常被认为是“太空”开始的地方。记住，这些能量只是能把你带上去而已，还无法让你环绕轨道飞行。环绕轨道飞行需要的能量是上述能量的2倍，足够你往返北美洲一次了。如果你想进入地球同步轨道，绕地球环行一天，需要的能量是进入近地轨道所需能量的50倍，这还没有算上火箭和燃油所需的能量，移动燃料本身也需要消耗燃料。数字立刻变得庞大起来，这也是火箭如此庞大的原因。

上面说的都是能量问题，下面还有工程方面的问题。为了快速提供能量以提升有效载荷和克服地球重力，我们必须用上大量管道。另外，火箭还需要发动机、泵、阀门以及燃料箱。随着大量燃料燃烧，这些设备逐渐变得多余，工程师因此发明了多级火箭——火箭被分级。大多数现代火箭都是多级火箭，它们通常采用多种发动机来应对火箭船体通过稀薄大气和外太空时遇到的不同状况。在我不到10岁时，我和瓦尔·布朗（Val Brown）在操场上尝试发射多级模型火箭，但火箭点燃后，我们就再也没看见过它。在某一级火箭耗尽燃料的同时点燃下一级火箭的发动机是一件非常、非常困难的事情。

向太空发射火箭，我们需要知道每层大气的性质，这是火箭为我们实际了解地球做出巨大贡献的另一种方式。地球的大气压力在底部最大，也就是说，地表的大气压力最大，真空般的太空环境的大气压力最小。地表和太空之间的大气压力介于最大值和最小值之间。物体静止时受到的压力为静压，以小写字母“p”表示。当你穿过空气这样的流体时，不管是火箭还是自行车，感受到的都是动压——运动分子的压力，我们用小写字母“q”表示。

刚发射时，火箭在低层大气的高压中缓慢运动。随着火箭逐渐加速，周围的大气压力越来越小。在这个过程中，有一瞬间，静压（逐渐下降）和动压（逐渐上升）之和达到最大值，这一瞬间被称为最大动压点。此时，火箭船舱有被晃散架的危险，尤其是火箭头部受到的压力最大。最大动压伴随着震动、抖振，甚至解体。生产能撑过最大动压点的火箭是火箭设计面临的巨大挑战。

火箭发射不仅要考虑大气这个环境因素，还要考虑发射基地的位置。你大概注意到了美国绝大多数火箭的发射都在佛罗里达州的卡纳维拉尔角（Cape Canaveral）进行，因为如果你想火箭在赤道上方绕地球飞行，发射地点必须尽可能靠近赤道，这样地球的自转可以帮到你——地球的自转能提高火箭的轨道速度。在佛罗里达州，相对于太空中的一个静止点，地球表面的转速约为1,470千米/小时；在赤道，这个转速更大，达到1,670千米/小时。

你可能要问，为什么不干脆在赤道发射呢？因为在太空竞赛[①]时，美国正处于冷战中期，任何空间技术都必须在美国境内研发，并且尽可能在美国南部。另外，美国政府还要求发射平台建在火车可以到达的48个州之中，因为火箭的部件又大又重。这就排除了夏威夷，当然夏威夷州在美国航空航天局成立时还没有成为美国的一个州。欧洲航天局（European Space Agency）成立于1975年，它的管理者的确在最后把发射台设在赤道附近——法属圭亚那的圭亚那太空中心（Centre Spatial Guyanais，CSG）。这个中心位于赤道以北5.2度，最大限度地利用了地球的自转。该选址方案的唯一缺点是火箭部件必须通过船运到达那里，但是该地址对于

① 1957—1975年的历史事件，是美国和苏联为了争夺航天实力的最高位置而展开的竞赛。——译者注

火箭加速达到轨道速度非常有利。如果你希望火箭从南往北通过两极绕地球转，那就需要更多能量，因为地球自转发挥不了作用。

这就是发射火箭的基本能量要求和工程要求。不过当火箭将人和有效载荷带入太空后，经常还要把它们带回地球。为此，必须把之前输入的所有能量都消耗掉，这就是为什么太空舱重返大气层时看上去像是在燃烧。最简单的方法是利用摩擦力把动能转化成热能，同时将人和有价值的载荷与热分离。近地轨道的绕行速度一般为28,000千米/小时，带回来的每吨载荷需要消耗300亿焦耳能量，这足够产生100万袋爆米花了。

另外，大气层还有风，非常不稳定。你必须具有一些大气知识才能理解。经历了热能的考验之后，高空风又会把太空舱吹来吹去。因此，如果要找软地点着陆，但又找不到精确的位置，一般选择海洋着陆，佛罗里达州就非常适合着陆，因为发射台的附近就是在海洋。毕竟，卡纳维拉尔角正好位于大西洋海岸线上。当工程师需要更大的空间时，他们一般选择在太平洋着陆。那里有一整支海军待命，无论太空船降落在哪里都能找回。俄罗斯人曾经将太空舱降落在欧亚大陆中心广袤的干草原上。在陆地着陆的优势是回收团队可以开车抵达，当然这样的着陆点必须是一大片开阔空地。

无论是发射时需要巨大空间，还是着陆时为了减少不确定性需要开阔的空间，每个超级大国的太空项目都用足了它们自有的资源，尽可能想出了解决火箭能源问题的最佳方案。美国有佛罗里达州，海洋就在旁边，海军随时待命；俄罗斯及与其毗邻的州有着广袤的开阔陆地，上面没有任何建筑，甚至连树都没有。

没有了冷战的限制，工程师可以更加有条不紊地优化火箭设计。既然在赤道发射、在海洋着陆非常有利，那为什么不在赤道附近没有山也没有树的地方发射呢？一个名为海上发射（Sea Launch）的公司（名字起得很叫座）已经承担了多次发射任务。他们的发射台位于太平洋中央一艘巨大的多桅驳船上，但是没有铁路或高速公路可以到达海中央，所以把设备运送到发射台是一个漫长的运输过程。另外，海上的天气多变，船体的稳定性无法保证，这会影响发射的时机和安全性。所以海上发射是一项利基业务，只能为某些希望以合适的成本将特定数量的载荷发射到特定轨道的公司提供服务。

如果你想改善我们进入太空的方法，尽享太空的好处，必须思考更多。飘浮的发射平台的想法非常酷，但是在火箭科学中，真正重要的创新还是涉及火箭升空所需的能量。在下一章，我会再解释。

32

关于火箭推进的各种奇思妙想

无论如何，发射火箭的代价都是高昂的。即使一根燃料线出了问题，整个发射也会失败，火箭会在空中爆炸或解体。这就是为什么火箭发射如此复杂和昂贵，这也是我为什么对“在外太空支起遮阳伞来给地球降温”或者“发射许多太阳能发电卫星”这类前沿的想法持怀疑态度。即使那些前沿想法是好主意（我还是怀疑），实现它们所需的成本和复杂过程是惊人的。火箭是非常有难度的科学。另一方面，如果我们能使火箭发展得更好、更高效，就能做更多现实的事情来帮助人类。

好吧，比尔，我听到你的问题了，你是行星学会的总裁，那么我们如何制造更棒的火箭呢？嗯，这不容易。火箭必须变得更便宜、更可靠。如果你为把一吨有效载荷送入轨道投入了大量火箭燃料，你肯定不希望任何事情出差错。无论是通信卫星，还是你自己和你的爱人，你都承担不起失败的代价。在过去的几个月中，就在我写这章的时候，我们失去了两艘前往国际空间站（International Space Station）的补给船：一艘爆炸了，另一艘没有顺利进入轨道。国际空间站每次补给任务的有效载荷大约为2吨，每次发射耗费1.25亿美元。当然，火箭仍有很多可改进的空间。由于火箭的大部分组成是燃油，改进的着力点就在于更有效地利用能源。

值得注意的是，大多数火箭仍使用火箭燃油。我没有开玩笑，这种燃油名为火箭推进剂1号（RP-1）。它是由12～15个碳原子链组成的煤油，类似于取暖用油，只是经过了过滤和提炼。因此，在这种油中，没有颗粒或者石蜡等杂质会堵住昂贵的一次性火箭燃油泵。另一个微小但显著的特点是它很润滑，流动性很好。由于RP-1是石油，它的燃烧会释放二氧化碳和水蒸气。你要想到我们可以做得更好——我们的确可以。它的问题不在于增加污染（除非发射大量火箭），而在于石油不是最好的火箭燃油，还有几种更好的备选方案。

第一个简单的方案是使用液氢。每公斤液氢所含的能量高于RP-1，燃烧时产生的水蒸气稍多一些。这是一种已经被证实可用的燃料，它推动了“土星五”号火箭的第二级、第三级火箭，将阿波罗（Apollo）计划的宇航员送上月球。航天飞机中安装了燃烧液氢和液氧的大型发动机。在不久的将来，我们发射的火箭会比现在多，我们可以利用风能和太阳能发电分解水，产生氢气和氧气，然后利用由可再生能源驱动的制冷系统液化氢气和氧气，并将它们在高能火箭的发射中结合起来。这是氢能源经济可以在未来发挥作用的一个领域，不过在许多时候，我们还有比氢气火箭更好的选择。

经常有人激动地向我抱怨空间技术不会再有新突破了，因为“我们还在用化学火箭燃油”。实际上，很多在我小时候只出现在科幻小说中的技术现在已经用到了大量火箭的发射上。第一种技术就是离子推进。离子是带电荷的原子或分子，这意味着只要有电场，离子就能移动，这带来了一个非常有趣的可能性。太空船工程师可以在太空探测器的背面装上电网——一种高科技金属网，该电网由一系列太阳能电池板供电，带负电荷。探测器配有一个小型液态氙罐，氙是一种特别容易处理的惰性气体。工程师利用阀门缓慢释放一股氙气流，然后用电能从氙气的原子中夺取电子，使氙气带上强正电荷。这些带电离子（氙原子）快速向带负电荷的电网移动。

电荷吸引力是很强大的，氙原子以非常快的速度从探测器中喷出，大概是50千米/秒。氙原子飞快地穿过电网，喷入太空中。力总是会产生相等的反作用力，所以当氙原子往后喷出时，会给太空船施加一个推力。这方案听上去很疯狂，但确实有效。美国“黎明”号（Dawn）太空船正采用这项技术探索矮行星谷神星（Ceres）。氙原子将“黎明”号加速至10千米/秒，这个速度是步枪子弹速度的10倍。工程师能实现这一方案完全依靠极高的排气速率。每个离子贡献的推力非常微小，几乎不可测量，但离子非常非常多，且都以非常快的速度移动。更妙的是，离子发动机可以持续运行几天或几个月，所以太空船一直在加速，还能不停地改变方向。

我必须说明离子推进技术有一个大缺点，那就是离子发动机需要很长一段时间来累积推动，这就意味着这项技术无法将太空船带离地面。只有飞船到了太空，这项技术才能工作。我们仍然需要RP-1、氢气或其他燃料来提供第一推动力。一旦到了太空，离子发动机就比任何化学火箭都更有效、更持久。

另一种未来可以采用的火箭推进方案是利用超热的激光束或微波激射束（受激辐射放大的微波）提高燃料燃烧的温度，使其高于燃料自身燃烧的温度。这类射线来自地上的设备，基本思路是将额外的能量从外部注入火箭发动机。这个想法非常吸引人，看起来很有前景，可以使火箭发射更便宜、更简单。

2015年春季，在行星学会举办的有关人类环绕火星飞行研讨会（Humans Orbiting Mars Workshop）上，有人提议："如果我们拥有核推进技术，前往火星会变得容易很多。"20世纪60年代，一些有远见的人畅想：在太空船上放置一块带弹簧的金属板，然后在金属板后引爆小型核弹，爆炸产生的压力将推动太空船加速前进。为此，我们必须先发明一种炸弹，并将其送入太空，然后每隔几秒在载有贵重物品（比如人）的太空船后面引爆。这个构想至少在我有生之年不可能实现，但是核火箭在其他方面很有意义。有种想法是利用超热的核反应堆加热液氢。液氢不燃烧，而是变成气态，体积迅速膨胀，然后从喷嘴中高速射出，其速度远比液氢和液氧的燃烧速度要快。10年前，美国国家航空航天局在一个木星无人飞行项目中使用了这项技术，它可能会卷土重来。

我最喜欢的推进方案是一种完全不同的核反应，叫作核聚变，这个反应会将氢原子核变成氦原子核。我要说的是，我们的恒星——太阳，每时每刻都在进行核聚变。这听起来不可思议，是光推动这一切的进行。虽然光是纯能量，没有质量，但光子携带了动量。因此，如果太空船的质量非常小，面积足够大，太阳的光子撞击太空船就可以产生推动力。这项技术被称为"太阳帆"，因为太空船获得推动的方式与帆船非常相似。你可以顺光而行（正如帆船顺风行驶），也可以抢光而行，还可以与光线方向呈90度飞行（类似于帆船在广阔河段的侧风行驶）。你不需要携带任何燃料，因为太阳光就能完成所有的工作，这是利用太阳能的全新方法。

我第一次听到“太阳帆”的想法是在1976年约翰尼·卡森（Johnny Carson）的《今夜秀》（*The Tonight Show*）节目上，当时卡尔·萨根是节目嘉宾。在我学生时代的天文课上，他曾经给我上了非常有用的一课。太阳帆技术在太空中撑起特别亮、特别轻的帆，由阳光给予推动力。在20世纪70年代，这个设想是建造一块边长达1千米的大正方形帆。太阳帆可以在卡纳维拉尔角发射，跨越南北极绕地球飞行，这样太空船就能利用太阳光压远航，追上哈雷彗星（Comet Halley）。

然而，为了给航天飞船计划（the Space Shuttle Program）腾出资金，这个哈雷彗星计划最终被取消了，不过喷气推进实验室的工程师仍然对太阳帆的想法念念不忘。我的前辈路易莎·弗里德曼（Louis Friedman）曾经是喷气推进实验室的项目策划人之一。他在20世纪80年代写了一本有关太阳帆的教科书，我买下来读了。后来，我成为行星学会的执行总裁，行星学会就是由卡尔·萨根、路易莎·弗里德曼和布鲁斯·默里（Bruce Murray，20世纪70年代喷气推进实验室的领导人）创立的。卡尔·萨根教授在《今夜秀》节目中向世界展示了太阳帆的构想，39年后，行星学会实现了它。2015年春，行星学会发射了“光帆”号（LightSail）。“光帆”号在太空中撑开了帆，我们拍到了一些非常美的照片。行星学会在2016年的计划是利用美国国家航空航天局的火箭搭载

“光帆”号，将其带到更高的太空去验证这一想法。我们将在太空中调整帆的方向，利用阳光提升轨道能量。人们几十年来的梦想将会成真。

只要有足够的时间和耐心，太阳帆可以把太空船送到太阳系的任何地方，包括追上彗星。你应该知道，当物体在距离行星或太阳较近的轨道上飞行时，距离行星较近的轨道速度更快，例如金星的轨道速度快于地球的轨道速度。如果一个环绕金星旋转的物体想和更远的地球保持同步，它会以螺旋式奔向太阳，消失在炽热中。然而，如果我们给太空船配上巨大的太阳帆，它可以在更靠近太阳（与地球相比）的轨道上飞行，而且和地球保持同步。

在海上航行的船只经常保持位置不变（station keeping），即保持和另一个物体的相对位置不变。在太空中也是一样。与地球保持同步的飞船可以提前几小时预警日冕物质抛射（coronal mass ejection）。这是一种巨大的爆炸，会产生大量破坏地面上的输电线和轨道上的通信卫星的高能粒子。搭载太阳帆的太空船特别适合执行这样的预警任务。同理，这种太空船还可以监测穿过地球轨道的小行星，监测它们需要我们的慧眼。正如我们所说，古代恐龙没有这样的太空项目，如果恐龙有好的火箭和偏转小行星技术，也许就不会因来自太空的撞击而灭绝了。

假设我们在地球轨道上设置了太阳帆，利用类似陀螺仪的旋转动量轮，我们就能在惯性空间中旋转太空船。当太阳帆远离太阳时，会获得阳光的推动力，然后我们旋转飞船，使其飞快地飞行，像空手道劈掌刀一样飞向太阳，这就是行星学会在2016年秋季搭载“光帆”号的太空船上要做的事情。该方案会极大地降低深空探索的成本。不过太阳帆虽然适合深空探索，但不能载人，只能执行无人任务。不过太阳帆绝对是未来可行的技术之一，如同探索之箭。

要降低太空探索的成本，还有很多问题需要解决，还有许多技术需要研发，其中的一个问题是“啤酒罐”问题，这也是火箭科学中的一大机遇。在一罐啤酒中，啤酒质量与金属铝罐质量之比等于火箭的燃料质量与火箭质量之比。火箭内基本上都是燃料，正因为这一点，我觉得材料科学有很多可改进的地方。火箭本身重量越轻，有效载荷就越大。和飞机相比，飞机的燃油只占起飞质量的10%，但火箭燃料占发射质量的90%。既然飞机能做到，这个问题看上去在火箭上也能解决。火箭主要由铝、钛和一些不锈钢组成。如果这些材料可以用碳纤维、强化塑料、碳纳米管或者一些我们还没有想到的材料来代替，我们可以大幅度降低太空探索的成本。

你可能会问：“为什么不在火箭上安装火箭翼，使其飞到大气顶部后再点燃发动机？”这是火箭科学家的梦想。它的问题仍然在于火箭翼太重了。看看老式的航天飞机吧。它们借助火箭翼降落，但进入太空要借助于火箭。著名的X-15火箭飞机就是由B-52轰炸机带入高空的。设计用于载人太空旅行的“维珍银河2”号太空船由碳纤维加强塑料制成。与传统金属制成的火箭相比，它已经很轻了，不过它还是借助于同样由很轻的材料制成的飞机进入高空。在维珍银河的方案中，飞机采用的燃料是航空燃油，火箭发动机则使用火箭燃油。这是个不错的系统，不过还是用到了两种飞行器——飞机和太空船。微软公司的亿万富翁保罗·艾伦（Paul Allen）[①]发明的平流层发射系统（Stratolaunch system）

① 美国企业家，与比尔·盖茨创立了微软公司的前身。——译者注

也是如此。它也需要飞机把火箭带到适合的高度，然后点燃火箭，使其进入太空。15年后，轨道科学公司（Orbital Sciences Corporation）的“飞马座”火箭（Pegasus）采用了火箭翼的方案。它的低级火箭是带翼的，能够将高级火箭带入高空再发射。

与维珍银河的系列飞船竞争的是X-Cor公司的“山猫”（Lynx）飞船。“山猫”飞船可能真的能实现从跑道到太空之梦。它由塑料和碳纤维复合材料制成，从跑道上起飞到进入太空以及返回都由火箭燃油供能。我们不久就能知道这个想法是否可行。记住，碳纤维太空船只能把有效载荷（游客和他们的相机）带到太空边缘，它们没有足够的能量进入地球轨道，不过它们让普通人更接近太空。未来有一天，太空船飞离跑道，进入轨道，重返地球，在传统跑道上降落也许真的可以实现。只要我们找到更坚固、更轻的材料，就能实现这个梦想。

正如我之前提过的，太空能给我们带来最好的东西，这也是印度太空研究所（ISRO）发射太空船进入火星轨道的原因，那是一个非凡的计划，印度政府以一笔不算大的预算——7,000万美元大大提高了本国的航天技术，激励了年轻一代的科学家和工程师。这也是为什么南非不仅设置了一个让民众能接触在轨道上环行的太空船的航天项目，还在全国设立了大量射电望远镜。墨西哥和英国都刚刚重启了各自的太空项目。加拿大为其庞大的太空署自豪：加拿大人把加拿大臂（Canadarmis，国际空间站的一个附属机械）印在了5加元纸币的背面上。越南这样的小国家也有太空项目。全世界的人们都想要获得最好的东西，太空就是提供这些东西的地方。

保持关注，我的地球同胞。太空中最好的东西还在前面等待着我们，我们将继续在太空深处寻找非凡的发现。这些发现不是由像哥白尼（Copernicus）、伽利略（Galileo）、开普勒（Kepler）或戈达德（Goddard）这样的科学家发现，而是整个社会共同努力的结果。理解火箭科学，掌握新能源，我们就能在深空探索中走得更远。我们将在太阳系其他星球上寻找水和生命的痕迹，还将探索其他太阳系行星。这样的探索有助于我们更深入地了解地球和我们自身，培养更有远见的人，他们使我们的世界变得更好。火箭科学曾经改变了世界，未来还将继续。

33

人类可以在太空中建立一个王国吗

当我们努力在地球上解决气候变化难题时，我强烈地感到，我们应该继续推进太空科学研究和太空探索。为什么这两者应该携手并进呢？我可以列举一堆现实原因，而且我在前几章中已经列举了一些。不过对我来说，这背后还有一个更大的原因在作用，这要回到我对伟大下一代的整体理解。伟大不只因为我们要面对气候变化这个挑战，还因为我们要找到解决的办法。伟大必须包括探索以及扩展人类精神中最高尚的部分、提高认知宇宙的能力和协作走向更和平未来的能力，以及体验宇宙的壮美。这绝不是说我们不再需要竞争了，而是指我们要为一个共同的目标而竞争。当我们离开这个世界时，它比现在更好。

我们所有人都被两个问题困扰过。如果你遇到有人否认自己问过这些问题，那她或他一定是在欺骗你，也在自欺欺人。或者你在和一个技术不成熟的机器人打交道。这两个大问题是：我们来自哪里？人类在茫茫宇宙中是唯一的生命吗？换一种问法：生命是怎么开始的？这世界上是否还有另一种智慧生命？我们能否与它或它们取得联系？如果你想回答这些问题（我认为我们都想），那就必须探索外太空。

地球上的每个文明和部落都有自己的创世故事，它们解释我们如何来到这个世界。在现代科学世界，我们也有这样的一个创世故事。我们仔细研究宇宙后发现，宇宙一定有一个初始时刻。当宇宙浓缩在远小于一个原子的体积内时，在比 $1/10^{42}$ 一眨眼时间还要短的瞬间，宇宙爆炸了。我们还找不到比“爆炸”更好的词汇来描述那一瞬间发生的事情。我们在自然界观察到的所有事物，包括我们自己，都源自大爆炸。此外，很明显，组成我们身体的物质和构成遥远恒星的物质相同。我们都是星尘，组成我们身体的元素来自远古超新星爆发的核熔炉。

对我来说，最令人惊奇的是我们的意识。我们知道我们都是星尘，了解宇宙和我们在宇宙中的位置。没有太空探索，我们就不可能知道这些。应对气候变化挑战的核心是我们要成为一名优秀的星球保卫者，把地球视为自己的房子和家。太空探索就是这种精神的来源。它是最伟大的展望，赋予所有日常挑战或困难以更高的意义。

在我上小学时，包括我二年级的老师麦戈纳格尔（McGonagle）小姐在内，没有人知道导致恐龙灭绝的原因是什么。这些年以来，人们在世界各地的地层中发现了金属铱，在墨西哥的希克苏鲁伯（Chixalub）发现了陨石坑。到目前为止，这些是表明恐龙时代的地球遭受陨石撞击的最好证据。撞击产生的能量极高，整个世界都着了火，天空被浓浓的尘埃遮蔽，终日不见太阳，世界因此发生了灾难性的气候变化。我们对太阳系的研究越深，就越觉得上述情景可信，科学家也越发意识到地球有遭受难以想象的危险的可能。

有了这些最新的认识，我们也意识到我们是可以影响冲进地球轨道的小行星或彗星的第一代。知识给予了我们掌握自己命运的力量，我们同样可以掌控气候变化问题。利用太空望远镜对太阳系观测，天文学家发现太阳系中至少有10万颗与造成恐龙灭绝的罪魁祸首同样大小的小行星，它们可能在某一天撞向地球。如果这些小行星中的任何一颗在某天下午撞上了地球，那将是世界末日。面对可能到来的碰撞，我们还有机会。我们首先要分出一小部分智慧和财富来找到可能对地球造成危险的小行星，然后建造可以影响小行星轨道的飞船。我是说我们应该适当提高一些重要机构的预算，这些机构包括美国国家航空航天局、欧洲航天局、俄罗斯联邦航天局（Roscosmos）、中国国家航天局（China National Space Agency）、日本宇航探索局（Japanese Exploration Agency）等。探测每个可能对地球造成严重危险的行星可能是个耗资10亿美元的项目。换句话说，这和维持美国政府运转2小时所需要的花费差不多，价值2小时的投资就可以把所有人从最糟糕的全球变化中拯救出来。

太阳系的其他星球，包括月球和火星，也经常受到小行星和彗星的撞击。在研究危险撞击者的同时，我们也在了解太阳系的历史和起源。月球是一块尺寸很小但仍是行星大小的岩石高速撞击早期地球的产物。火星遭受的撞击如此激烈，以至于火星表面的一些碎屑被抛入太空中，其中一些以陨石的形式掉落在地球上。

南极的冰盖是地球上最大的陨石聚集地，巨大的冰盖把天外陨石裹入冰中，并使它们在一些地方成群地沉积下来。如果你知道在南极洲的艾伦山（Allan Hills）附近哪里能找到冰雪，就能找到30亿年前火星遭受小行星撞击后抛入宇宙的碎片。

火星遭受猛烈撞击时，表面可能非常潮湿。这种猜测的根据是我们在火星陨石上找到了远古水的痕迹。我们发射的太空探测器也找到了表明很久以前火星气候温暖潮湿的证据。那时，这颗红色星球上有河流，有湖泊，到处都是水。然而，火星的体积不大，这意味着火星内部没有旋转的铁核，无法和地球一样产生磁场。因此，来自太阳的高能粒子流——太阳风慢慢地将火星的大部分大气吹走了，但如果火星在温暖的时代就已经有生命了呢？甚至更令人吃惊的是，如果地球的生命来自火星呢？火星上的微生物可能附着在岩石的凹陷处，随着爆炸被卷入太空中，就像我们在南极洲找到的那些岩石一样。也许它们最终落在地球上并找到了新家，然后定居，继续繁衍。也许你和我以及地球上我们所知的每种生命都是火星生命的后代，哇！

如果我们在火星上发现的微生物与地球接近，这样的发现将改变人类的历史。正如哥白尼发现地球绕太阳转，伽利略发现月亮不是完美的球形、木星有自己的卫星、银河系由数不清的星星组成，这个发现将令人震惊。也正如过去的发现并没有在一夜之间改变一切，火星存在生命的发现也不会。美国人仍然靠右行驶，日本人仍然靠左行驶，但每个地方的每个人很快会对宇宙生命有一些不同的感受。我估计，人们会对我们所在的独特星球以及宇宙中这片舒适的生活空间产生崇高的敬意。

今天的火星对生命并不友好，全年都非常冷，正午温度只有-40摄氏度。火星上几乎没有水，更不可能有液态水，因为气压非常低，任何液态水都会马上蒸发。火星的大气主要由二氧化碳组成，大气压只是地球的0.7%。同时，火星的大部分景观看上去都很相似，这很诡异。火星在其他方面和地球差不多，只是没有地球所有的特殊生命特征。火星太小，不足以维持保护性磁场并留住温暖厚重的大气层，因此，火星没有温室气体和水。当我们研究其他星球时，对地球的认识也加深了。

因此，尽管火星的条件恶劣，我们也必须探索它。在火星上找到非凡发现的可能性非常高，让人不能忽视。100年后，人们将知道火星是否存在生命，也可能知道木星的卫星——海洋面积是地球两倍的欧罗巴（Europa）是否存在生命。人们对土星的卫星——土卫二（Enceladus）的探索也将继续。土卫二的南极冰盖下有着和苏必利尔湖（Lake Superior）差不多大小的温热含盐的海洋。也许有一天我们会向泰坦（Titan）——土星的另一颗卫星发射潜艇。泰坦的表面点缀着许多液态天然气湖，组成泰坦的化学物质可能和早期形成地球冰冻环境的物质类似。就我个人来说，我非常希望人类能够在我有生之年探索和了解这些星球。我们知道如何实现，也已经有可行的计划，只是需要一个不是特别大的承诺。

但是承诺是一件很罕见的事情，我们不可能再有一个“肯尼迪时刻”了。1962年9月12日，当时的总统约翰·肯尼迪（John F. Kennedy）在美国得克萨斯州的莱斯大学举办了一场演讲。他说我们要登上月球，去完成这项非凡的技术壮举。“……不是因为它简单，而是因为它很困难。”总统在几分钟后提到了主要原因，“我们要接受挑战……我们会取得胜利。”肯尼迪说到美国在登月上取得的进展要胜过苏联，因为这将向世人展示美国的技术实力。在肯尼迪被刺杀的一年后，美国国会同意将美国国家航空航天局的预算提高至当年美国联邦政府预算的4%。有了这些资金，美国国家航空航天局的工程师和技术人员启动了登月计划，并训练合格的宇航员去完成了这一旅程。这样的机遇以后可能不会再有了。

今天的美国国家航空航天局和全世界的其他航天机构一样，必须与联邦政府的其他数百个项目竞争经费。任何探索都必须在紧张的经费下进行，再也没有以前的优先权了。在我写这本书时，美国国家航空航天局每年拨给行星科学和探索的经费不到15亿美元，这距离联邦预算的4%可差远了，实际上只占联邦预算的0.4%左右。然而，即便只有这些资金，我们仍然可以完成一些壮举。这些钱足够把漫游者送上火星，从水星、木星以及特别的星球——冥王星上传回照片。

这些项目都是不载人的。现在没有任何项目能把人类送上距离地球超过400千米的太空——国际空间站的轨道所在之处。把人类送上太空当然有巨大价值。与我一起工作的科学家和工程师表明，对于由最优秀的科学家设计和最好的生产者制造的最优秀机器人在火星上花费一周才能完成的工作，一名装备良好的宇航员只需15分钟就能完成。然而，把人类送上火星再带回来是件极其困难的事情，比登月旅行要难得多。

经过仔细的分析后，行星学会强烈建议人类在2033年前实现环绕火星航行。人们可以每隔26个月前往一次火星，因为在其他时间，火星离我们太远了，位于太阳的另一端。根据我们的分析，美国国家航空航天局也不需要增加额外的经费来支持这样的项目，不需要另一个“肯尼迪时刻”。只要经费能根据通货膨胀水平调整，美国国家航空航天局就能在20年内将人类送上火星轨道。所以下一阶段的任务就是把宇航员送上火星，这是个非凡的任务，需要我们把每一件事做到最好。全世界的人届时都将关注火星上发生的事情。当我们进行这样的探索时，我们能找到新发现，也在进行伟大的探险。整个人类都将参与进来。

埃隆·马斯克（Elon Musk）通过发明和投资互联网支付服务公司——贝宝（PayPal）而发家致富。他梦想着在2033年前前往火星。如果美国国家航空航天局每年在行星探索上花费15亿美元，加上欧洲航天局、俄罗斯联邦航天局的几亿美元预算，那么很容易想象几十亿美元可以在行星探索上做出多大贡献了。但探索火星已被证实非常困难，我认为只有各国政府齐心协力合作才能把人类送上火星。有天上午，我正在写作，美国太空探索技术公司（SpaceX）的“猎鹰9”号（Falcon-9）运载火箭在发射几分钟后爆炸了。幸好它此行的任务只是给国际空间站运送补给，但这仍然是件糟糕的事。整个太空探索领域都希望太空探索技术公司尽快从这次代价高昂的失败中恢复过来。同时，还有许多公司在努力研发载人火箭和不载人火箭。我们拭目以待太空探索技术公司、美国发射联盟（United Launch Alliance）、内华达公司（Sierra Nevada）、蓝色起源（Blue Origin）、轨道科学公司和他们的竞争者在未来会有怎样的发展。我希望是非常令人兴奋的发展。

我经常思考火星计划会如何发展。我们在陡峭的峡谷边缘发现了一层盐度很高的冰。当然之前在机械人探测器中，我们已经看到了这些冰的痕迹。由于气候逐渐变暖，每年火星上的冰雪都会融化成泥泞。我们挖开泥泞，发现了生命——一种微生物。我希望在我的有生之年人类能找到表明火星上存在生命的证据，我想知道它们是否长得像我们。火星微生物的DNA和我们的DNA相似，还是完全不同？不管结果是什么，都是惊人的重大发现。如果火星微生物的DNA和我们的DNA完全不同，那就说明生命普遍存在于宇宙中；如果火星生命的DNA和生命过程与我们的相似，那就表明人类、橡树、大鱿鱼、毒葛、浮游植物和我的老上司都是火星先祖的后代。

想象一下这些发现对医学的冲击吧，更别说对生物学、社会学、化学和物理的影响了。它们绝对是改变世界的发现。（阴森的音乐响起……）让我们探索吧！

太空探索非常刺激，具有重要意义。正是因为这个原因，我在2005年9月接受了行星学会执行主席的工作。在行星学会创立之初，我就是成员之一。太空探索为我们带来最好的东西，从现实层面来说，人类驾驶宇宙飞船的能力在未来也许能够拯救世界。之前我提过行星学会是在1980年由卡尔·萨根、布鲁斯·默里（喷气推进实验的带头人）和路易莎·弗里德曼（喷气推进实验的工程师）创办的，他们感到即使政府的支持在减弱，民众对太空探索的热情依然高涨。

重要的是，如今情况依然如此。今天的航天预算并不能振奋人心，不过当"新地平线"号（New Horizons）探测器飞向冥王星，从遥远的世界发来第一张图片时，当行星学会宣布太阳帆计划时，我看到了人们快乐和激动的心情溢于言表。对我来说，这种反应是无可辩驳的证据，表明到处都有人支持太空飞行。行星学会当然不是唯一一个帮助人类振兴太空探索的私人组织，其他公司也在做相同的事。B612正在进行一项私人计划，旨在发现危险的小行星；深空工业公司（Deep Space Industries）和其他公司致力于开采小行星的矿藏；还有几家公司正在开展将探险者带入黑暗太空进行短暂旅行的业务。人们非常希望进入太空，体验成为宇航员以及从上往下俯瞰地球的感觉。我们正处在历史的转折点——人类探索太空的伟大时代。

在我们结束这章之前，想一想太空探索对人类意味着什么吧。人类一直以来就有一种攀越下一座山峰看地平线上有什么的冲动。没有这种冲动的人事实上没有成为我们的祖先，因为他们被善于探索的人和部落淘汰了。这样想吧，如果我们停止太空探索会如何？如果我们停止向上和向外看会怎样？不管怎么样，都不会有好结果。因此，为了解决气候变化问题，让我们继续探索太空吧，让我们从伟大的挑战中获取灵感，让我们用挑战推动国际合作，把全世界最聪明的头脑都聚集在一起。

尽管行星学会是个国际化组织，但是它的基地在美国。我们将盯着美国国家航空航天局，并积极游说美国国会代表，因为美国国家航空航天局仍然是世界上比较重要的航天机构。据说，美国国家航空航天局目前受到政治势力的制约，正在为目标不清晰的太阳系（包括火星）探索计划建立硬件、基础设施及系统。正在生产和规划的火箭和深空基地到底要完成什么任务，用他们的话来说是不可知的。换句话说，他们正在建造非常昂贵的东西，却不清楚这些东西最终要送向哪里。这种策略，或者还不如说没有策略，已经把这个世界上最鼓舞人心的机构、美国最好的标志变成一个不必要、只服务于某些人的部门。

我希望在未来的几年我们可以扭转形势，让美国国家航天航空局带领国际上的其他力量将人类送上火星，开发新技术，找到美妙的发现，让每个人的生活变得更好。

34

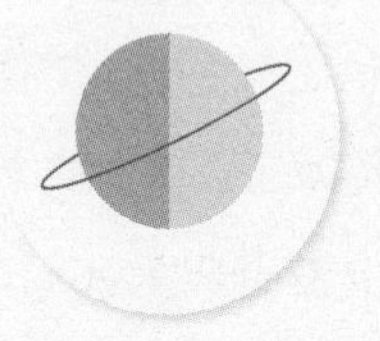

为更美好的星球设定合理的价格

作为一名工程师，我习惯性的想法是：你能想到的任何问题都可以通过技术方法解决。找不到行李？在行李提手上贴一个亮橙色的标签。车开太快了？在路上设置起伏的减速带。饿了？设计一个小型菜园。热水太久才来？在水槽下设置一个水泵。除非技术解决手段不起作用，我才会考虑下一步，改变我的做法。车开太快了？好吧，如果减速带不奏效，那么在车上安装可变限速器，或者利用计算机控制车速，或重编导航系统，把车导离它们经常行驶过快的路段……也许我该检讨自己的行为了。也许我们多缴税就能在路上多安排一个警察来执行限速指令……

但说到气候变化问题及其涉及的能源生产、传输和储存的问题。我们需要更有效的方式来阻止人们排放温室气体，尤其是二氧化碳。我在说监管，我在说一种修补匠不会想到的力量：经济的力量。

我知道，我们中的保守派和自由主义者不喜欢任何形式的税收。在我的印象中，保守派视税收为邪恶。也许他们是对的，税收可能是邪恶的。如果这是真的，但全世界的每个政府都在采用税收政策，那么我猜大概撒旦也是真的，而且他已经掌控了世界。说真的，没有税收，就没有集体秩序。没有秩序，就不可能实现历来人们所称颂的“法治”。很难想象有人真的认为一个没有税收的社会会有美好的未来。如果我们利用“碳费”代替“碳税”怎么样？只有你使用公共商品或者服务，你才不需要付费。没有税收，只有费用。

记住，工程师比尔希望技术解决手段自行出现，这就是为什么我在本书的许多章节中提到许多可能会发生的事。如果公司发现市场需要可以给房子供电一整夜的电池，这种电池就会在市场上出现。这种情况会出现，即便电池并没有新的化学组成或功能，也会成为一种新产品，它们只需要新的漂亮包装。市场鼓励他人创新，特别是投资。我喜欢把它看作一个有组织、自然增长的新市场，新事物会因为顾客、工业和能源公司的需求而诞生。

说到温室气体排放，市场发挥不了应有的作用。目前没有人为排放二氧化碳、甲烷和其他温室气体付费。与其说“二氧化碳”，不如说“碳”。没有人为碳付费，每个人都在以他喜欢的方式排放碳。每次开车，每次去超市购物或去干洗店时使用塑料袋，每次坐飞机去度假或办公，我们都往大气中排放了废气和碳，但没有付相应的费用。事实上，自从人类在远古的热带疏树草原上奔跑、漫步、狩猎、寻找食物以来，就开始影响大气了。一直以来，人类用找到的所有燃料生火——为了取暖、照明、烹饪、赶跑野兽（在人类诞生之初）。在1750年之前，人类对环境的影响是微乎其微的，不过在美妙的蒸汽机发明之后，我们燃烧东西的速度明显加快了。

即使碳排放量在不断增长，也没有人承认应该为此付出代价。不管是公司还是个人，都是如此。工业活动促进了经济增长，但也带来了麻烦，工业、交通、农业都在排放温室气体。商业管理者应该想出更高效的办法，应该了解和评估自己所进行的一切经济活动。例如，20世纪80年代，当石油价格大涨时，整个美国的经济都变得非常有效率（在这期间，经济增长非常快，没有变慢）。今天走进任何一家酒店，你会发现走廊里安装了低能耗的灯泡。酒店管理者换上这种灯泡，是因为它们在经济上更划算。如果我们继续任由碳排放，很快会遇到麻烦。如果每个人都在（隐形地）为环境遭受的伤害买单，企业还是会像过去几百年那样运行。是时候做出重大改变了。公司并不是比你我更坏，试想，如果我给你一些免费的东西，拿走它是你的错吗？

我非常确定这种情况要改变了，不是因为必须改变，而是因为这是公平做生意的方式。经济学家喜好利用数学模型来描述人类在贸易和商业中的行为。在经济学上，排放到大气中的二氧化碳是一种外部成本（externalized cost），因为排放碳的人不为此付出任何费用，相反，我们所有人都要买单。地球上的每个人都要为碳排放买单，因为我们共享大气层。

关于外部成本和消费者的关系，两个经常为人引用的经典实例是：宾夕法尼亚州的蔬菜以及亚洲的T恤和玩具。在北美洲的东海岸，特别是在冬季，你还是能买到新鲜的蔬菜，因为它们来自北美洲西岸加州的富饶峡谷。这些蔬菜由冷藏卡车和火车运达东海岸。为了运输这些食物，卡车和火车必须燃烧化石燃料，每趟运输大概会向大气排放数千吨碳，但是食品公司或零售超市都没有付任何碳费，至少没有直接支付。如果货物由薪资较低的发展中国家生产，然后经过水路运输到北美洲，几十万吨碳会排入大气中，这些运输成本都被外部化了。但如果你稍微想一下就会发现，我们所有人最后都要为排入大气中的碳买单。

我们的经济有外部成本，如果要指责的话，企业经常是替罪羊。人们经常声称是企业导致了气候变化。相信全世界的企业无视所有生命和神圣的东西，要毁掉你的生活，这是个很可怕的想法。真的，这种想法和声称“税收是邪恶的”的观点一样没有道理。在我看来，企业只是在理性地行动。企业的管理者认为他们做的事情是正确的，在道德上也无可挑剔，因为在人类的历史上，直到最近才有人关注碳排放对环境的影响。

经过这样的解释，我希望大家都同意现在我们要做的事情是把二氧化碳的成本内部化。我们必须想办法让温室气体产生者支付他们该付的份额。世界各国基本上已同意了这一观点，不过之后他们为各自的利益争执不休，像患了狂犬病的猫狗一样。

你可能听过各国在1992年为了延长联合国气候变化框架公约（United Nations Framework Convention on Climate Change）提出的《京都议定书》(*Kyoto Protocol*)，这只是个开始。2000年，各国参加了海牙气候会议（Hague Climate Conference，它经常被称作COP6）；2009年，各国又参加了哥本哈根气候大会；2012年，多哈又举行了一次会议。你听说过这些吗？也许你还纠结要不要在2015年前往伯恩和巴黎，参加气候大会。在这些会议中，技术人员和政客们一起坐下来讨论如何应对气候变化。总的来说，没有人有胆量或者有足够的政治影响力来确立碳费、碳税或者分担气候变化造成的财政负担。哦，对了，我们的确达成了一些“不具约束力”的协议。

各国政府的代表都想做正确的事。他们仔细分析每一个细节，从栽种树木的数量到碳排放量，但在过去的30年中，世界没有发生什么实质性的改变。举个例子，联合国气候变化框架公约的成就单上罗列着各国政府同意的一些要点：“强化解决”“简化谈判”“强调做出改变的魄力”“提出新的承诺”“在金融和技术支持上取得进展”。

作为一名职业工程师和获得过艾美奖的作家，我最喜欢的一本书是斯特伦克（Strunk）和怀特（White）的《风格的要素》（*The Elements of Style*）[①]，我也是一名精通英语的普通人。坦率地说，上面列举的那些要点等于什么都没说。我也承认，这些短语意味着一些东西，它们表明每个人都想做一些正确的事情。我参加过其中的一个会议。每个人在会上都努力协商，尝试与其他国家的代表和睦相处，不过在减少全球碳排放上，一点成效也没有。原因在于：我们的国家——美国每年消耗的能源占全世界的18%，排放的二氧化碳占全世界的19%，而美国的人口只占世界人口的4%。如果美国不发挥带头作用，应对气候变化就不会取得进展。

因此，难怪各国的代表、谈判者和外交官经常对美国感到失望。我想说如果美国在解决气候变化问题上不只是处理一些细枝末节，而是做得更多，如果美国在应对气候变化的每项技术和政策方针上发挥带头作用，全世界都会效仿。我们可以解决气候

---

① 一本关于英文写作的经典指南。——译者注

变化的问题。2015年，两大碳排放国——中国和美国达成了双边协议。两个国家都承诺将大幅减少温室气体的排放。奥巴马（Obama）总统就减少燃煤的问题提出了强有力的建议，美国同意在2025年减少26%排放；中国同意在2030年后不再增加碳排放量，同时改变基础设施，使20%能源是可再生能源。这是个开始，但这还不够，需要人们的长期坚持。

你可能听说过限额与交易（cap and trade）。这个想法值得一试，每个国家排放到大气中的碳和其他温室气体都有上限。那些减排实在达不到要求的国家可以向那些碳排放指标还有剩余的国家购买排碳量。如果情况不复杂而且没有带头人，这办法可行。在我看来，每个国家的外交官一般都受命于他们的长官，设法从美国、俄罗斯等国家获得让步。不过限额与交易的方法并没有使二氧化碳排放量快速减少。限额与交易的方法没有起到很好的效果（至少现在没有），是因为许多国家将剩余的碳排放指标进行了交易。我们需要采用另一种办法：以公平、政治上可行、有力的手段大幅降低美国的碳排放量。如果美国可以做到，整个世界都会效仿。

最近我为国家地理（National Geographic）频道录制了一个特殊的电视节目。这个节目是关于气候变化否认者的。我是主持人，有幸与演员阿诺德·施瓦辛格合作。他是一名非常完美的专业人士，也是一位很有想法的政客，特别在气候变化问题上。他的办公室中放置了约翰·肯尼迪、亚伯拉罕·林肯（Abraham Lincoln）和罗纳德·里根（Ronald Reagan）的半身雕像。他还有一座自己的半身像。他不停对我说这些家伙是真正的领导者，并称他们为“胜利者”。我们谈到了他在担任加州州长时取得的成功，他成功地推行了限额与交易的政策，使加州排放的温室气体和污染物达到了控制要求。交易一般发生在州与州之间。相比于美国的其他州，加州拥有庞大的经济，所以做一些交易是可能的。

这位前任州长还提到，对于加州前任州长推行的几项环境法案，继任州长不会推翻，法案仍然有效。在美国联邦政府，情况就完全不是这样了。奥巴马总统最近开始推行一些旨在减少汽车和工业碳排放的环保法案，其中的排放标准都是经过深思熟虑才确定的，是经过努力可以达成的目标，但我们不能确定2017年新总统上任后，这些法案是否还有效。

我有个大想法——一个有潜力改变世界的大想法：通过美国的立法改变世界。美国可以确立收取碳排放费和利息的制度。不要担心，不是邪恶的税收。无论是你自己还是你所在的公司排放了二氧化碳，你都要付费。我们可以从每吨二氧化碳排放收取10美元开始。1吨碳包含很多气体。依照现在的物价，10美元只能买2杯好一点的咖啡。因此，10美元就可以排放1吨碳，这个费用不算高。这些钱可以注入信托基金，就像1956年艾森豪威尔（Eisenhower）总统建立的高速公路信托基金（Highway Trust Fund）一样。一旦基金有了钱，它可以用于许多用途：修路、建立公共交通系统、清理与运输相关的储罐等。

美国国会时不时为了减税而牺牲高速公路信托基金（导致高速公路缺少维护，死亡人数增加），不过这项基金今天依然存在，它与人们反对的汽油税捆绑在一起。不过只要钱流入了基金，任何政府官员都不允许把钱拿来做别的事。你可能想到其中存在腐败。人们担忧的是基金中的一小部分经常被拿来用于研究和发展公共交通及公路运输。有人认为这种用途只与支持道路的基础设施有关，而与道路本身无关。不过我不觉得信托基金运作中的腐败会多于美国其他活动中的腐败。

我们可以用碳费来建立与能源相关的基础设施，投资产生可再生能源的基础设施，建立更好的能源传输网。我们还可以投资电池技术、混凝土重力活塞、太阳能光伏系统、太阳能热水系统以及更好的灯泡等等。甚至有人提议把钱返还给每一位市民，美国的每个公民都将从基金中得到一份可以抵消现有税收的分红。

这是个有悖常理（只是一点点）的提议。碳费会提高商品售价，因为生产和物流等环节都排放碳。支付碳费，你口袋里的钱就会少一点，但每年年底，政府可以将收到的碳费通过分红返还给你，返还给每个人。政府不保留任何碳费。碳费只是给我们排入环境中的碳标上一个价格，从而激励工厂、公司减少排放，因为这样他们就能以低价出售商品。面对低碳排放牛仔裤和高碳排放牛仔裤，消费者无疑会选择价格更低的前者。如果你全年都过着低碳的生活，当你的红利支票到达时，你会发现你领先了。

我和邻居小埃德·贝格利曾经就谁更环保进行过比赛。我们相信碳费和分红将激励全美支持环保。只要你排放的碳低于平均水平，你就领先了。每个人都能参与到这场比赛中来。

总之，我研究过了，碳费和分红系统是个不错的主意，但这绝对需要由上而下的监管。政府将插手收取和再分配这部分财富。目前已经有政府部门负责这件事了，它就是美国国税局。正是因为这个部门的存在，安特罗水库（Antero Reservoir）大坝、航空管制、健康食品、清洁饮用水和全球军事才能成为可能。

我想你们许多人读到这里都会觉得，这样的政策是草率的、不切实际的，甚至是邪恶的。即便是支持这一政策的人，也可能认为它完全不可行。谁来测定每个人排放了多少碳呢？谁来测定一艘船、一个皮带加工厂排放了多少碳呢？亲爱的读者，我们已经可以做到一年365天、每周7天、一天24小时实时监测了。这其中用到的都是我们可以理解的科学。

每当个人或企业购买燃油时，我们可以计算出那些油燃烧后会产生多少温室气体。无论是我们上下班开的小型车，还是海上的集装箱货运船，都需要用油。因此，你要支付的碳费就取决于你买了多少油，这很像公共污水税（utility sewer tax）。自来水公司并不测量你和你的家庭产生了多少污水，而是测量你买了多少自来水。毕竟不管是淋浴、洗碗，还是酿啤酒，水最终都会流到下水道，进入污水系统，这是根据买入收税的方案。

注意，采用这种方案意味着如果你的车油耗低，那么你每千米的行驶就能少付一点碳费，因此汽车的高效率得到了回报。有人认为碳费对穷人的影响更大，这是合理的，但并不完全正确。与中产阶级、穷人相比，富人使用更多汽油，可能有好几处豪宅都需要供暖，购买更多机票。与其他人相比，富人要支付的碳费更多，而且他们负担得起。碳税分红一定是公平的。

如果我们在美国推行这套碳费系统，它会影响世界上的每个人。从亚洲进口到美国的货物都需要支付碳费，因为货船使用了燃油。这些费用会由购买货物的每个人分摊，但是分摊是公平的。购买海运货物的公司也许会逐渐发现，如果考虑所有的成本，可能自己生产货物比进口更划算。这将刺激当地经济，减少温室气体排放。用经济学的行话来说，这叫成本内部化。

个人和公司都会受到激励，减少碳排放；能源价格将更准确地反映社会成本，人们将转向使用风能和太阳能；农民也会发现成为可再生能源经济一分子的益处；工厂会看到提升能源效率和减少污染排放的经济效益；大型集装箱货船的制造商也会受到激励，尽力让船变得更节能。想一想吧，海军也会和个人、公司一样，采购油耗更小的船和飞机。让我再抛出一个疯狂但可能可行的想法吧！如果这些船能在海上产生小气泡，提高地球的反射率，减缓全球变暖呢？船运公司也能得到好处，因为这些船降低了老板、股东、产品消费者的碳税，这将是大大的肯定。

在今天的美国，除了气候变化否认者，还有许多立场保守的政客和评论员。他们看不到碳费发挥的作用（即便他们在不久之前还推崇过类似的系统，网络上都能找到他们当时的原话）。我觉得他们把气候变化看作一个完全不可解决的难题。他们似乎认为解决气候问题就像打地鼠（Whack-A-Mole）游戏一样，即使你将一个地鼠打下去了，另一个地鼠又从其他地方冒出来了。在我看来，持这种看法的人还没有尝试就放弃了。我不知道练习打地鼠游戏需要花多少时间，但我敢肯定，如果你投入了金钱和时间，你肯定会越来越擅长。打地鼠必须心无杂念，正如一名优秀运动员所做的那样（我听说是这样的）。

应对气候变化，下面这种措施并不是特别有效：许多大城市都采取了汽车限行的措施。这种措施被称为道路空间分配，即人们轮流使用公路。在一周的某一天，只有车牌号符合条件的汽车才允许上路。伦敦、巴黎、墨西哥城、圣地亚哥、圣保罗、波哥大、北京、基多、拉巴斯、雅典等城市都已经通过了类似的法规。例如，有些城市执行单双号限行的规定。总的来说，这些方案的效果并不好。有些人会花钱买第二辆车，获得第二个牌照，这样就不受限行困扰，每天都能开车，而且第二辆车往往更便宜，能耗比第一辆更高。能让人钻空子的政策一般都不是什么好政策。

道路空间分配是自上而下强制执行的一个案例，需要政府监管，效果并不好，但这绝不意味着不存在有效方案，也不是说我们不应该限制低效使用道路的行为。它意味着我们需要更好的方案，碳费将是一个好的开始。如果你的汽车油耗高，就需要多付碳费。如果我们把公共交通系统打造得更完美、更吸引人，会怎么样呢？在上下班高峰期，人们最终选择地铁、行驶专用车道的巴士和自行车，甚至未来的空中单轨列车（或超环线）。如果美国鼓励建造世界上最好的地铁、铁轨和调度控制系统，别的国家也会选择这些方案，这将在全世界范围内减少温室气体排放。

碳费不仅可以改善人类的通勤，还能推动未来学家谈论了50年的远程办公。目前，远程办公逐渐兴起。如果在碳费中更加清楚地注明办公室通勤费，我肯定很多人都会青睐电子远程办公。当然电来自可再生能源。人们搜索互联网所使用电脑的能耗可以更低，远程办公者的家也更节能，也许屋顶上应该装一个太阳能热水器。一旦你行动起来，这些节能措施就会源源不断地冒出来。

你可能会抱怨美国几乎没什么东西是本土生产的，不过美国有一件东西的出口形势非常好，那就是美国文化。全世界的人们通过观看我们所有疯狂和不疯狂的节目来学习英语。他们看美国电影，采用美国的创新技术，所以只要有美国领导，世界会纷纷跟随。

我的两个高中密友横跨整个北美洲搬去了阿拉斯加定居。巴克利（Barclay）在那找了一个男朋友，肯（Ken）在那找了一个女朋友，他们在阿拉斯加住了35年。阿拉斯加政府坐拥北坡（North Slope）石油天然气带来的财富，每位州民每年都能从阿拉斯加永久基金（Alaska Permanent Fund）获得分红，大约是2,000美元。你只要住在阿拉斯加，而且不是其他州的选民，就能得到这笔分红。1976年，阿拉斯加州公民一致认为，既然石油公司从阿拉斯加州土地的下部和附近的海域开采石油，获益巨大，那么每位州民都应该获得一些收益。阿拉斯加州并不是拥护自由左派的州，可能正好相反，但人们仍然看到财富共享的好处和内在的公平。在我看来，如果保守的阿拉斯加人都能看到财富共享对普通人的好处，也许我们所有人都可以。

我必须提醒大家，我们每个人都能做很伟大的事。就像我在本书开头说的，我的父母都是第二次世界大战的老兵，我的父亲当了4年的战俘，母亲在华盛顿特区服役于美国海军。我的母亲、外公、外婆以及其他所有人的生活必需品都由美国政府定量按计划供应。我的母亲当时只能乘坐电车去海军基地工作，因为每人每周所用的汽油不得超过15升。在今天，15升只是很多人一天的汽油消耗量。当时的老式轮胎一般撑不过2年，但当你想换新轮胎时，会发现买不到，因为橡胶也是按计划供应的。

在战争年代，大家都崇尚废物利用，现在我们称为回收利用。当时的人们回收利用旧橡胶、金属和骨头。是的，骨头可以充当肥料，制成碳酸钙基黏合剂，供军方的汽车甚至飞机使用。当时的人们，尤其是家庭主妇，常将骨头清洗干净，整理好，然后等待回收机构上门收取。所有人都投身其中，最终打赢了战争。我经常沉思，让整个社会少浪费一点是多么容易的事情啊。如果把社会利用资源比喻成一场曲棍球赛的话，这场比赛就好像没有守门员一样。回收利用在美国有巨大潜力。如果人们认识到气候变化的危险程度等同于第二次世界大战的轴心国[1]，马上就会行动起来。

如果你对我的乐观心存怀疑，我必须指出，如果你现在不要政府监管，到未来情况更艰难时，你可能会呼唤监管。气候变化导致海平面上升，越来越多的人被迫背井离乡，越来越多的气候难民涌入你生活的城市。或者更糟糕一些，你也身在这些被迫迁徙的人群中。城市需要建立防风暴的堤坝，农民开垦新农田需要补贴。如果你觉得应对气候变化的行动成本很高，那就等着看不行动的代价吧。监管迟早会来，但如果我们等到情况更加严重时再行动，代价会更沉重。如果现在不行动，未来可能会限制汽油的使用，限制牛排、鱼等蛋白质的供应；政府会紧盯着你扔的垃圾；购物和旅游也可能受限。到那时，你的邻居可能都会投票呼吁监管。我们拖得越久，将来要付出的环境代价和金钱代价就越大。

气候变化问题拖的时间越长，尤其是没有国家领导世界解决气候变化造成的中短期后果，政府将会监管更多你的生活，但我们完全不必走上这条路，你现在完全可以参与到解决气候变化问题的队伍中来，成为那个领导者。让我们一起改变世界！

---

① 指在第二次世界大战中结成的法西斯国家联盟。——译者注

35

不可阻挡的人类

在我决定写这本书时，心中有个宏伟的目标：我要帮助人们改变世界。我不想吓坏人们，也不想责怪人们，更不想人们陷入绝望之中，因为如果那样做，不仅不能改变世界，反而会抑制改变。如果你不抱乐观的态度，就不会有太多的成就。同时，我对未来也没有幻想，我们有事情要做——许多事情。社会是建立在许多老旧基础之上的，人和所有活动的运行方式已经设定，要改变这些方式并适应新的现实并不容易，但是改变是至关重要的。

我们必须改变我们生产、传输和使用能源的方式，必须改变我们的生活方式，当然是在不降低生活标准的基础之上。我们的改变将给制造商、发明者、风险资本家和企业家提供巨大的机遇。新兴产业会出现，将为我们提供更好的储能方式，尤其是电能。如果你和你的同事能找到比现在耗能更低的方法来脱盐海水，你将改善几十亿人和其他物种的生活，你也将因此而变得富裕。对地球上的大多数人而言，回报（payoff）非常大。我们将享用更加清洁的空气和水，我们将在无形中获益，因为极端天气、海平面上升、海洋酸化都不会发生。在某种程度上，不管我们做什么，上面这些灾难可能仍会发生，但和什么都不做相比，现在至少我们还有机会使它们变得更温和。

为了应对气候变化，我们必须接受两个观点。虽然这两个观点很简单，我们也不是第一次听到，但这并不意味着它们不是真的。首先，我们都生活在一起，你遇到的每个人都来自地球。地球是每个人居住的房子和家。所以让我们一起努力，把这个家变得更干净、更舒适和可持续。其次，万里长征始于足下。我们为解决气候变化问题所做的每件小事或大事都将使地球上的每个人受益。越快行动起来越好。

我们将尽可能使所有人都有接受教育的机会，尤其是女孩和妇女，以使更多的好想法和能力强的人参与应对迫近的气候变化。正如今天人们常说的："算一算吧！"世界上有一半的人口是女性，所以在帮助我们解决问题的工程师、研究人员、技术人员和工匠中，有半数是女性。当前女性在大部分科学和技术领域中都受到压制。把女性吸引到科学和技术领域中来，制定新政策和解决气候变化问题的人手和头脑的数量将翻一番。在伟大的下一代中，所有人都应该有机会去改变世界。我们也应该努力为全世界的女性提供接受教育的机会。

这是另一个关于公平的问题，不给女性机会显然是错误的。等一下，这里还有一件大事：受教育程度高的女性的孩子不多。这是普遍的人口发展趋势，她们的孩子有更多的资源，获得更多爱，可以茁壮成长。如果我们支持这个想法，尽力为全世界的每个孩子提供教育的机会，人口将稳定下来，甚至持续降低。到2115年，如果地球上的人口减少了，那地球生态系统的负担无疑会减轻。

这都是可行的，我们要做的是确定这个想法值得做，并为每个地方的每个人提供教育的机会。这是一个漫长的过程，不过我们可以从帮助每个人连上互联网开始。如果每个地方的每个人都能接触到世界的最新资讯，学会以批判思维来获取和处理信息，我们将很快改变世界。

在上一章中，我提出了每吨10美元的碳费，这是将“我们都生活在同一个星球，我们必须成为优秀的星球管家”这一理念制度化的方法。每吨10美元的碳费标准只是个开始，再过15年或者更久，我们可以将碳费标准提高到每吨40～50美元。这样的方案将大大改变世界。每个人的生活多了一项支出，但同时也多了一项储蓄，这就像改善房屋隔热或修缮屋顶，如果你不支付维修成本的话，将来会付出更惨痛的代价。这也是我们走向可持续未来的唯一选择。

为了应对气候变化，我们还有许多技术困难需要攻克。在政策方面，我们已经找到了重要的工具。我们知道如何公平地评估碳排放的成本，知道如何合理地使用碳费，其中一部分碳费将用于支持重大研究和发展。我们不需要设立新政府机构来做这些事。我们已经建立了学术、科学和工程评价系统，我们有国家研究委员会（National Research Council）。我们的大学充满了聪明优秀的学生，他们已经准备好拿出科学的工程理念和创新的点子来建设清洁绿色的可持续基础设施，他们将为研究竞争经费。美国能源部（Department of Energy）可以评估哪个方案更加可行。我们还可以通过建立试验工厂和实验站，鼓励新兴公司和已经有良好基础的公司发展新技术。

另外，一部分碳费收入可以用于支持教育事业。我们学到的科学知识至少有一半来自非正规教育。“非正规教育”是描述课外学习的教育学专业术语。10岁的孩子就能对科学产生终身的兴趣了。作为一名非正规教育者，我相信10岁的孩子可以对任何事物产生终身的热情。因此，基于这些研究事实，我们应该在美国和全世界投资早龄学童的非正规教育，这切中每个人的利益。如果我们的资助包括世界上的每个学龄前儿童和小学生，这不仅是好事，还是公平的好事。

公平是一个明确而现实的话题。人口仅占世界25%的大国消耗了大部分能源，产生大部分温室气体，这公平吗？因为一些大陆国家的过错，海平面上升，一些岛国逐渐被淹没，这公平吗？只有工业国家有能力开发新科技，开展新的大型公共能源项目，找到分配财富的方法，才可能实现公平。我们都清楚这一点：没有人想要生活水平倒退。这是伟大的下一代的使命之一：为每个人创造更好的世界。

美国是世界上最富有的国家，也是排放温室气体最多的国家。在美国，有少数人反对我前面提到的公平观念。石油公司和名字带有欺骗性的政治行动委员会（Political Action Committees）资养了一大批气候变化否认者。你可能听说过美国能源研究协会（American Energy Alliance）、美国十字路口（American Crossroads）、营造良好环境的市民协会（Citizens for a Sound Environment）、经济与环境研究基金（Foundation of Research on

Economics and the Environment）组织的活动，请好好调查这些团体，研究一下他们真正的政治诉求。他们通常反对任何应对气候变化的措施，理由是任何行动都会妨碍自由，损害经济，降低生活水平。他们认为改变是一个零和博弈（zero-sun game）[1]：如果你改善环境，其他方面会受到伤害。

基本上，质疑者不相信进步。他们不相信人类有能力解决问题，甚至否认历史证据。在美国，今天的空气和水比以前干净了许多。许多质疑者声称政府监管会破坏经济，而不是给我们一个更安全、更清洁的世界。在许多情况下，质疑者坚持我们经常听到的论调。幸运的是，作为一个国家，我们已经向前迈进了，不过我们取得的进展还远远不够。它们只是开始，是重要但还不足的第一步。

质疑者和否认者不想面对全球变暖的现实和随之而来的各种灾害。他们认为个人自由比个人应该承担的责任更重要，这不是我们父辈那一代赢得战争所持的理念。在我看来，正如心理学家所说，气候变化否认者在心理上还处于否认阶段：问题太大，无法处理……气候变化质疑者的政治诉求与其说源于自私的心理，不如说是源于缺乏批判思考的能力和对人类创造力缺乏信心。人类有一个自然却令人讨厌的倾向：对自己不想承认的事情干脆闭上眼睛，置之不理。对科学证据握紧拳头或跺脚让他们觉得问题已经自己消失了，但是世界仍然在变暖。

为了使人类能度过未来的几十年，我们必须向美国的投票人和纳税人表明，气候变化否认者正在制造麻烦，使我们的世界变

---

① 指参与博弈的各方在激烈竞争下，一方的收益必然会导致另一方的损失，博弈各方的收益和损失之和永远等于零，各方不存在合作的可能。——译者注

得比我们当初接手时更糟糕。他们是不合格的管家。仔细衡量我们面前的麻烦和机遇后，我们应该投票把在位的气候变化否认者赶下台。与此同时，我们还要努力忽视媒体中那些尖锐的否认者。

我常常畅想，如果能改变一些气候变化否认者的想法，那该是多么快乐的一件事。如果有人对一件事孜孜不倦反对了二三十年，让他们改变想法似乎是一件不可能完成的事情。不过我想起了戒烟者的例子。你可能曾经也是个吸烟者，我的父母以前就是烟民，过去每个人都是，但后来，他们戒烟了。在你见过的人中，谁是最坚定的禁烟者呢？谁最无法忍受烟味，常常离开有人吸烟的房间？我打赌是曾经吸烟的人。一旦戒了烟，曾经的吸烟者总是成为禁烟活动的坚实拥护者。所以我振作起来，如果我们一点点改变福克斯新闻的主持人和2016年共和党参选的总统候选人，如果我们明确表示气候变化否认者在政治上是不可靠的，也许他们中的一两个人就会改变立场，就像曾经的吸烟者一样。这些人可能成为寻找解决方案的一分子，帮助各地的人们保护世界。

由于我们在过去的两个半世纪向大气排放了太多的二氧化碳和其他温室气体，不管我们今天做什么，气候变化已经不可避免。全球变暖和天气破坏已经在酝酿之中，换言之，气候变化不可阻挡，但你知道吗？我们人类和人类的进步也是不可阻挡的。

人类经历数千年的疾病、饥荒、干旱，冰河时代后至今仍然存在。直到现代，人类对我们的家园——地球变成什么样还无法掌控，我们经历了地球轨道变化、地轴倾斜和冰期旋回。不过今天，我们已经有照看地球家园和掌控自己命运的技术手段。在我们之前，没有任何一代可以完善地记录天气和拥有处理这些数据的计算能力；没有任何一代可以利用精确定位的浮标和潜水器来监测海洋环流和生态系统；没有任何一代能从太空中俯瞰地球，触摸又薄又脆弱的真实大气。总之，在今天之前，没有任何一代像我们这样不可阻挡。

今天，我们之中有伟大的下一代，他们可以把人类的历史进程推向它必须去的地方。他们是年轻人、创新者、企业家、工程师，是我们这些普通的辛勤劳动者。我们将共同迎接创造清洁能源、为地球上每个人提供清洁用水的挑战。伟大的下一代一定能够，也将要一起为我们所有人改变世界！

致谢一

正如我常说的，你遇到的每个人都知道一些你不知道的事情。许多人改变了我对气候变化和能源生产的看法。

我的父亲是一位自信、能干的户外活动者，他让我对森林充满敬意；我的母亲对一切都很擅长，她强调学术成就，给我信心让我度过漆黑的夜晚；我的姐姐提醒我做作业的时间；我的哥哥教会我如何扔东西、奔跑、追逐和骑车，我无法想象没有他保护的生活。最近几年，我一直受到气候学家迈克尔·曼（Michael Mann）的影响。他发明了“曲棍球杆图”（hockey stick graph）来描绘全球变暖的速度，帮助我认清了全球变暖的现实。丹·米勒（Dan Miller）不仅设计了第一届康奈尔终极飞盘大赛的运动衫，还向我展示了可持续工业的智慧和“费用-分红”经济的伟大理念。唐·普罗瑟罗（Don Prothero）拥有过目不忘的能力，是一个能将多种现象联系起来的综合思想家。我的经纪人尼克·潘佩内尔（Nick Pampenella）和助理克里斯蒂娜·斯波萨里（Christine Sposari）帮助我理顺文书，他们每天对细节的关注和耐心让我惊讶。科里·鲍威尔（Corey Powell）是这部分的主角。没有他的洞察力、对细节的关注和幽默感，这部书不可能写成——它永远都不会出现，我真诚地感谢他。

我还要感谢探索太空的同事和朋友。金星和火星的探索为现代研究人员提供了表明其他星球发生气候变化的证据，帮助我们发现我们的星球也在发生气候变化。由于我们在地球上面临许多麻烦，我谨记太空探索会带给我们最好的东西。太空探索令人乐观，让我们了解宇宙和我们在宇宙中的位置。我非常感谢成千上万的行星学会成员对我的支持，尤其是理事会的成员。他们鼓励我接受这份工作，给予我指导和关爱，我难以表达自己对他们的感激之情。

我觉得自己从初中（现在称中学）就开始写这本书了。骑自行车时，我曾经在自己后背写上标语“脚踏板不会产生污染”（Pedals Don’t Pollute），还特意将“Pollute”的“o”画成地球的样子。在地球日（Earth Days）的前几天，我还会骑自行车到达华盛顿特区的国家广场（National Mall）。从那时起，我就在为建立一个更健康、更安全的世界而努力，40年后的今天，我完成了这本书。感谢你的阅读。

比尔·奈

艾伯塔省麦克默里堡油砂路

致谢二

和比尔合作这本书使我获得双重灵感。这本书教会了许多我以前不知道的事情。更妙的是，它描绘了许多激动人心的东西，这些东西我以前就知道却没有意识到。更简单地说，我学到了许多知识，并从中深受启发。我希望读者看完这本书后能收获同样的感受。

我深知，如果没有杰出的信息传递者，这本书的内容就不可能存在。他们是一代又一代献身于研究自然法则并应用它们改善人类生活条件的科学家。在本书中，我们无法一一记下他们的努力，我对我们的前景也感到不乐观，但在家中，我被家人的想法所鼓舞。我的妻子莉萨（Lisa）一直支持我，是许多看法和幽默的源泉；我的两个女儿——伊丽莎（Eliza）和阿娃（Ava）对于环境责任和创造性解决问题，有着一种令人愉悦、看似天生的本能。在她们身上，我看到了伟大的下一代的身影。

科里·鲍威尔